IS THAT A BIG NUMBER

大数字

如何用数字理解世界

[英]安德鲁·C.A.艾略特◎著　　侯奕茜◎译

中国经济出版社
CHINA ECONOMIC PUBLISHING HOUSE

北 京

北京市版权局著作权合同登记号：图字 01-2021-2964 号

图书在版编目（CIP）数据

大数字：如何用数字理解世界／（英）安德鲁·C. A. 艾略特著；侯奕茜译. --北京：中国经济出版社，2021.8

书名原文：IS THAT A BIG NUMBER

ISBN 978-7-5136-6556-8

Ⅰ. ①大… Ⅱ. ①安… ②侯… Ⅲ. ①数据处理 Ⅳ. ①TP274

中国版本图书馆 CIP 数据核字（2021）第 150032 号

责任编辑　丁　楠
责任印制　马小宾
封面设计　久品轩

出版发行　中国经济出版社
印　刷　者　北京富泰印刷有限责任公司
经　销　者　各地新华书店
开　　本　880mm×1230mm　1/32
印　　张　10.25
字　　数　249 千字
版　　次　2021 年 8 月第 1 版
印　　次　2021 年 8 月第 1 次
定　　价　68.00 元
广告经营许可证　京西工商广字第 8179 号

中国经济出版社 网址 www.economyph.com 社址 北京市东城区安定门外大街 58 号 邮编 100011
本版图书如存在印装质量问题，请与本社销售中心联系调换（联系电话：010-57512564）

献给我的两个儿子，本和亚历克斯

目录 contents

计 数

测 量

科学领域的数字

公共生活中的数字

如果没有数字，人类将一无所知。

——菲洛劳斯

下列哪个数字最大？

☐ 波音 747 的数量（截至 2016 年）
☐ 福克兰群岛的人口
☐ 一茶匙糖的粒数
☐ 绕地球运行卫星的数量（截至 2015 年）

本书每章开头都设置了类似的小测验，答案详见本书"后记"。

引言

公元前 200 年左右，埃拉托色尼计算出了地球的大小。他是一名数学家、地理学家和图书管理员，曾任著名的亚历山大图书馆第三任馆长。他知道约 840 公里外的塞伊尼有一口井，每到夏至正午时分，太阳将升至井的正上方，阳光会直射井底。埃拉托色尼还在亚历山大测量出了太阳和天顶之间的角度，约为 360° 的 1/50。他利用简单的几何知识（即"地球测量法"）计算出地球的周长，误差不超过 15%。

大约 17 个世纪后，哥伦布横跨大西洋，他没有采用埃拉托色尼计算的结果，而是改用托斯卡内利绘制的地图。托斯卡内利是一位数学家和地理学家，意大利佛罗伦萨人。他在绘制地图时参考了尼科洛·孔蒂（马可·波罗之后首位经商至远东的意大利商人）的经商经历，结果错误计算了亚洲的大小，地球也被算小了25%。当哥伦布登陆美洲时，他以为到达的是亚洲。对当时的欧洲来说，美洲是"新大陆"。但哥伦布至死都不承认自己的错误。数字很重要，搞错数字的话后果很严重。

数字通过各种方式帮助我们丈量世界、帮助我们做出明智的判断与决定，然而当数字太大时，我们无法把握它们。

我并不想罗列令人咋舌的现实数字或统计数字，我只想帮助读者把握大数字，在极易迷失的数字荒野中找准方向。数字世界的景色如何？怎样躲避其中的危险？怎样建立坐标、确定方向？又该怎样安全前行？

混乱的世界

最近我脑海中总是浮现出一片水域，要么是一个无际的湖泊，要么是一条宽阔的河流。水面上漂浮着生活垃圾、树叶、种子、花粉、泛虹彩的油污。一阵风吹来，湖面泛起波浪，同时出现大大小小的漩涡。河岸有一些水湾，死水静止其中。

当我将目光锁定在某一小块水域后，我发现水面上漂浮物的运动方式在不断变化。风搅起的波浪乍看之下好似沿一个方向旋转，但仔细一看会发现树叶和烟头在朝反方向运动，最终陷入漩涡，周而复始。

那么问题来了，水流整体是否在朝着特定方向运动？如果是，朝哪个方向运动呢？

最近当我思索世界上发生的各类事件时，这幅画面反复出现。似乎每天、每周、每月都有惨剧上演。难民们逃离至极的恐怖，踏上危险的旅程，直面未卜的将来。煽动者和极端分子激起怨念、仇恨和暴力。

然而我们（至少一部分人）生活在丰富的物质世界中，生活充满机会，远超父辈的想象。全世界的生活水平都有所提高。那么，这个世界是发展得越来越好还是越来越糟呢？

要想找到答案，我们可以登高望远。与其近距离观察一片水域，不如爬上一棵最高的树，如果我们爬得足够高，那么水面上的泡沫、杂质就会消失不见。通过观察水的颜色变化，便可窥得其真正流向。

只有理解新闻中的数字，我们才可以辨别什么是真正重要的，什么是无关紧要的，这对构建可靠的世界观至关重要。诚然，仅把握数字是不够的，但这十分必要。在理想状态下，数字世界观是可验证的（可证伪）、可争辩的（可被推翻）。其本质是自我质疑与挑战，解决不断出现的矛盾。

科学家和工程师依靠数字思维建立稳定、可靠的研究模型开展科研。他们不断将模型用于实践，验证建模是否正确。这一过程中，数字的重要性不言而喻，它能帮助人们找到部分事实甚至发现真理。

要建立数字世界观，我们并不需要具备工程师的数学能力和数字能力。大多数人能够进行日常计算、能够提出这样的问题就足够了："数量上升还是下降了？""这是个大数字吗？"

数字的重要性

没有数字，就没有现代世界。数字思维源远流长。

文字正是起源于计数。早期苏美尔人在运送货物时，会用某一特定物品代表货物，他们将其置于陶制容器中用于记录货物。随后他们发现其实只需把代表货物的物品拓画在容器外部即可，不必打开查看。再后来，陶制容器也被省去。图像演变为符号，最终成为字形。当物品数量累积到一定程度后，苏美尔人不再重复使用同一符号，于是独立的计数方式——数字应运而生。

数字的出现早于城市。在狩猎采集时代，数字仅用于最基本的计数和物品分发。但城市的发展对计算提出了更高要求。数字对于建筑、贸易、管理至关重要。在克里特岛克诺索斯发现的泥板上刻满了线性文字B，它记录着政府事务。可见管理无处不在，井井有条离不开管理，管理离不开数字。

从文字出现、人类用文字记录文明以来，我们就一直在使用数字。《圣经》的开篇就记录了创世那七天，还用具体数字描述了诺亚方舟的大小。毕达哥拉斯学派的哲学家认为一切皆是数字、一切源于数字，计数过程从未停止。

培养数感

"数感"① 指人们凭借直觉理解数字的能力，它无须思考。罗伯特·海因莱在科幻小说《异乡异客》中创造了"grok"一词，意为"凭直觉深入了解"，与此处的"感"含义相近。

我们在上学之前就已经开始感知个位数。在此阶段，大多数人能够完全掌握小数字，可以不假思索地说出"套袋赛跑中我是第五名"这样的话，无须进行计算。

上学之后，数字变大，我们开始接触百位数。随着知识和阅历的增长，我们的数字能力不断提高，从百到千。长大成年后，大多数人可以轻松感知千位数。理工科学生将深入学习如何掌控、管理更大量级的数字，但这与"数感"是两码事。

进入社会后，我们开始接触国家（或国际）事务，开始接触一些天文数字。这时我们开始心虚了。面对移民人口、国家预算、

---

① "数感"一词源于斯坦尼斯拉斯·迪昂的著作《数感：大脑如何创造数学》。

财政赤字、太空投入、医疗支出、国防预算，我们很难将相关数字与现实联系起来。说到底，我们处理大数字的能力太弱。

五种大数字处理技巧

本书提出了五种思维策略去理解大数字，它们中间贯穿着一个指导原则。

这个指导原则就是交叉比较法。结合实际对比，与已知度量建立联系，这是理解大数字的最佳方式。践行这一原则的方式有很多，但本书将重点介绍其中五种。它们相辅相成，帮助我们构筑数字基础，建立数字世界观：

- 基准数字：选择方便记忆的数字进行比较或作为参照点。
- 视觉化：发挥想象力，在脑海中形成画面后再进行比较。
- 分而治之：将大数字分割为数个组成部分，然后逐一攻破。
- 比率和比例：按一定比例缩小数字的尺寸。
- 对数尺：当数字差距极大时，关注比例方差而不是绝对差额。

虽然本书将分章节讨论这五种技巧，但它们贯穿于整本书中。请留心注意！

万物相连

悬疑惊悚片中单独的一条线索可能毫无意义。同理，一个孤立的数字也无法讲述全部故事。当数字连接起来后，神秘面纱被揭开，真相最终浮出水面。为了写这本书，我一直在搜集有趣的数字以建立一个数据库。单独来看，这些数字毫不起眼。但当我将它们组合在一起后，我不仅能看到数字间的现存联系，还能不断探索新的联系。例如，第一台印刷机的使用寿命（577 年）大约是第一条跨大西洋无线电线路使用寿命的五倍（116 年）；品脱

（pint）、磅（重量）和镑（货币）在拼写和意义上相互联系，货币单位"里拉"（lira）、"里弗尔"（livre）、"利布拉"（libra）之间也存在相似的联系；人口数量增长的同时，野生动物数量却不断下降，二者不再平衡。

事实相互联系结成一张网。这张网能帮助我们理解新的数字、做出正确判断，这样我们就能更好地评估它们的价值，判断它们是宝藏还是垃圾。数字的意义很大程度上取决于所处语境、组合方式和对比结果。

数字巧合

其实，这些数字事实之间的联系堪称奇妙，甚是有趣。网站 IsThatABigNumber.com 设计有搜索功能，读者能利用它在随机组合的数字中找到奇妙的内在联系。

例如：

• 伦敦圣保罗大教堂的高度约为 R2D2（《星球大战》中的机器人）高度的 100 倍。

• 阿基米德出生距今时间（2 300 年）为达·芬奇（565 年）的 4 倍。

• 大英图书馆的藏书总量约为现存北极熊数量的 1 000 倍。

在数字中找到快乐

掌握知识、运用知识解决问题能让我们感受到一种微妙、奇特的快乐。基准数字等数字思维将为我们打开一扇认识世界、了解世界的窗户。本书介绍的数字处理技巧和案例将帮助你更好地了解、更清晰地认识身边的数字，理解它们的含义。当然，本书的主要目的是向读者解释计算与测量、数字与世界的深层次联系，以及数字如何丰富我们对世界、对生活的认识。

随机比对

阅读这本书时，你会发现许多与下文类似的方框。两个数字之间恰巧存在整除关系，误差不超过 2%。这些联系不一定具有实际意义（由此可见，数字之间经常存在巧合，阴谋论者喜欢利用这一点胡编乱造）。尽管数字之间可能风马牛不相及，但通过比较，我们可以用全新的方式理解数字，以此去提高我们的数感，更好地把握数字的大小。

你知道吗？（纯属巧合，无实际意义）

经典福特野马的车长（4.61 米）约为
　　一条大白鲨的长度（4.6 米）。

第一把石斧距今时间（260 万年）为
　　500×文字距今时间（5 200 年）。

水星的质量（$3.3×10^{23}$ 公斤）约为
　　25×冥王星的质量（$1.311×10^{22}$ 公斤）。

螺旋桨驱动飞机最高爬升高度（29.52 千米）约为
　　5×乞力马扎罗山的高度（5.89 千米）。

泰晤士河的长度（386 千米）约为
　　2×苏伊士运河的长度（193.3 千米）。

阿尔·花拉子密出生距今时间（1 240 年）约为
　　4×欧拉出生距今时间（309 年）。

技巧一：基准数字
迷路时请寻找地标

我在南非长大，成年后移居英国。因为从小与英国接触不多，我对英国历史的了解非常有限。来到英国几年后，一位朋友推荐我读《佩皮斯日记》。我一般不读这类书，但我相信朋友的推荐。它记述了佩皮斯生活的世界，读完后我发现它生动、有趣、感人。现在一有机会，我就会向其他人推荐它。

《佩皮斯日记》始于 1660 年的第一天。在英国历史上这一年非常重要，流广国外的查理二世重返英国登基复辟。佩皮斯在查理二世回国军舰上担任一个小官（其实工作就是照看国工的狗）。他写道：

我、曼塞尔先生、国王的一位仆人与国王喜欢的一只狗住在一起（狗在船上拉屎，逗得我们哈哈大笑，我发现国王和他的附属物也没什么特别的）……

这一段令人难忘，但重点不在狗，而在 1660 年这个时间。它已经成为我的基准数字，改变了我对历史的理解。现在每当我阅读历史事件或历史人物时，1660 年就是我的参考点：莎士比亚生活在 1660 年之前，牛顿出生于 1660 年之前（但职业生涯在此之后），詹姆斯·瓦特在 1660 年之后。这一时间的意义就在于它能帮助我定位许多其他事件。

能成为基准数字的不止时间。我在下文罗列了一些我感兴趣的基准数字，不妨看一看。它们都是近似值，与精确值"或多或少"

有些差距。好在它们方便记忆，准确度也挺高。它们能帮助你回答：这是个大数字吗？

- 世界人口——70 亿+，并且还在不断增长
- 英国人口——6 000 万+，并且还在不断增长
- 美国人口——3 亿
- 中国人口——14 亿+
- 印度人口——13 亿，并且还在不断增长
- 英国 GDP——2.5 万~3 万亿美元①
- 英国国家预算——1 万亿美元+
- 美国 GDP——18 万亿美元
- 美国国家预算——6 万亿美元
- 床的长度②——2 米
- 足球场的长度——100 米
- 一个小时的步行距离——5 千米
- 赤道长度③——40 000 千米
- 珠穆朗玛峰的高度——9 千米
- 马里亚纳海沟的深度——11 千米
- 茶匙——5 毫升；汤匙——15 毫升
- 红酒杯——125 毫升；茶杯——250 毫升
- −40℃＝−40℉（相同温度，相同符号）
- 10℃＝50℉（凉爽的一天）
- 40℃＝104℉（高烧）
- 一代人——25 年
- 罗马帝国陷落——公元 500 年

---

① 换算为美元，方便比较。

② 我习惯通过一个房间能放下几张床去判断房间的大小。例如，2 米×4 米的房间很小，因为房间宽度等于一张床的长度。

③ 南北极间经线的长度为 20 000 千米，那么极点到赤道的长度为 10 000 千米。

- 文字和文字历史的起点——5 000 年前
- 人类从非洲迁徙——50 000 年前
- 恐龙灭绝——6 600 万年前
- 塞缪尔·佩皮斯开始写日记——公元 1660 年

接下来，你还会遇到更多基准数字，无须记住它们，但你会与那些最吸引你的数字产生共鸣。这些数字会根植于你的脑海，帮助你快速判断数字大小、建立现实语境、预防诈骗。它们能为你所用、意义重大。

第一部分

计　数

数什么
从 1、2、3 到 "海里有多少条鱼"

如果你觉得狗不会数数，那试试在口袋里放三块饼干然后只给它两块。

——菲尔·帕斯托雷特

下列哪个数字最大？

□ 世界上航空母舰的数量
□ 纽约摩天大楼的数量
□ 苏门答腊犀牛的估计数量
□ 人体骨骼的数量

计数

——巴西人口为 2 亿。这是个大数字吗？

——托尔斯泰的《战争与和平》有 56.4 万字。这是个大数字吗？

——2015 年全球 43.8 万人死于疟疾。这是个大数字吗？

虽然以上都属计数，但计数方法却各不相同。回答这些问题前我们需要思考"计数"本身，需要思考数字能力的基础。

什么叫计数

我们先来看看词源：count（动词）：计数；数数。14 世纪中叶出现，起源于古法语"conter"，意为"加起来"，也有"讲故事"的意思，源于拉丁语"computare"。

这本书的主角是数字，它要讲述一个关于数字的故事，所以我先从计数开始。无论数字有多大，都始于计数。

小时候我们就开始学习①如何识别、标记抽象属性。色彩斑斓的图画书可以培养我们的抽象思维，可能我们并未意识到这一点。苹果红红的，小红帽也是红红的；苹果圆圆的，满月也是圆圆的。把五个苹果放入果篮拿给外婆，于是我们与数字邂逅。

用来计数的数字都是正整数——5 个苹果、5 个梨子，抽象概念"5"由此建立。作为一个独立概念，它并不一定指 5 个苹果或 5 个物体。那什么是 5？它摸不到、尝不到、看不到、听不到，但却有名称，却能指代其他事物，而且还能储存在我们的大脑中。其实，"数字"是我们来到世界后学到的第一个抽象概念。虽然这属于柏拉图哲学，但 3 岁小孩都能掌握。

有了计数后，"大于"和"小于"等其他概念随之而来。例如赛跑中"第 4 名"的"4"并不是指 4 个人，而是指排第 4 名。我们已经逐渐习惯使用抽象方式去反映客观世界。

抽象化思维是一切理性思考、科学理论的基础。通过抽象化思维，我们可以准确推测客观世界，可以制造飞机、可以在月球上搭建激光反射镜、可以将航天器送入冥王星……

如果蹒跚幼儿没有学习计数，这一切伟大成就便不会诞生。

---

① 此处的"学习"并不是指课堂学习。我们通过自己的好奇心、通过孩提时代和日常生活中对外界的幼稚探索学习到了一些知识，虽然它们披着幼稚的外衣，但依然十分深奥。

数数的乌鸦

我们来听一个故事——会数数的乌鸦。有个人家中有一座旧水塔，一只乌鸦在上面筑了巢，他觉得吵闹想把乌鸦杀死。但每当他举着猎枪走近水塔时乌鸦就会飞走，当他离开后乌鸦又会飞回来。于是他想到一个办法，他叫了一个人和他同去，同伴先离开，他则留下。他觉得乌鸦看到有人离开就会飞回来，于是就能开枪打死它。

但乌鸦没有上当，它等两人都离开后才飞回来。于是去水塔的人数变为3，但其中两人离开后乌鸦还是没上当，它等到3人都离开后才飞回来。随后人数变为4，其中3人离开后仍未成功。4人变5人，聪明的乌鸦还是没上当。最后5人变6人，其中5人离开后，乌鸦终于记不住人数飞回来了，最后丧命枪下。这个故事告诉我们，乌鸦虽然会数数，但最多能数到5。

乌鸦确实非常聪明，科学家经常用它去测试动物的智商。乌鸦拥有数感。在一项实验中研究人员发现，乌鸦可以通过容器盖子上的点数判断哪个容器里有食物。

其他动物也展现出一定的识数、计算能力。遇到小数字，它们完全没问题。一旦数字超过5，它们就没办法了。

同其他动物一样，人天生也具有数感。在《数感：大脑如何创造数学》一书中，作者将与生俱来的计数能力分成了两类。

第一类叫即时数感（源自拉丁语"subitus"，意为"突然之间"）。通过即时数感，我们不用计算就可以直接处理1到4之间的数字。如果在桌子上撒几粒黄豆，我们可以迅速判断它的数量。倘若遇到更大的数字，即时数感就不顶用了。如果桌子上有11粒黄豆，我们需要通过计算获取数量。① 如果没有系统的计算能力，我们连 10 都不能处理，然后给它贴上大数字的标签。罗马数字 1 到 3 用三条竖线（Ⅰ，Ⅱ，Ⅲ）表示。但罗马人明白单纯计算竖线的条数无法使他们快速识别数字，因此他们从 Ⅳ 和 Ⅴ 起开始采用不同的符号。

严格来说，即时数感指无须通过规律识别就能直接感知数字的能力。若进行一些拓展，它指在一定的规律识别基础上迅速理解数字的能力，例如骰子上的 6 点、多米诺骨牌或扑克牌上的点数、足球赛场上的球员数。如果物体呈现出一定的规律（不管是人为还是偶发），我们就可以快速识别它们的数量。这一技能并非天生，可以后天习得。

第二类叫近似数感。人和动物都具有这种能力，科学家在描述数量时，会用"数量众多"或"数目巨大"，不会提及数字本身。动物虽然可以估计大数字的量，但不会计算具体数。

如果比较 80 与 85，我们会觉得两个数字"差不多"。但近似数感的偏差在 15%~20%，80 和 90 或许差不多，80 和 100 则是另一回事。聪明的乌鸦展现的正是这种能力，它最终丢了性命也是因为这种能力。

当我们快速计算中等大小的数量时，比如 5 到 20，会经常使用另一种方法——将大数字切割成几个小数字。化大为小让事情变得简单。然后我们就可以通过即时数感和规律挨个识别处理小数字，再通过简单的算术计算出总数。

这项能力非常有趣，我们处理大数字时经常用到它。它包括三个步骤，涉及多项技能：在脑海中将大数字切割成小数字；挨个

---

① 有些"大神"具有极强的即时数感，他们的思维通路异于常人，处理数字时，他们只需要付出很小的认知努力。

处理每个小数字；将小数字相加得到最终结果。①

我们可以将它理解为一种算法，大脑按顺序执行完一系列步骤后获得正确结果。我将这种思维策略称为"分而治之"。后文讲如何处理大数字时，我们会用到它。

即时数感和近似数感可能是我们唯二的与生俱来的数字能力。遇到大于 4 的数字时，我们若想获得精确结果就得采用其他策略，就得将思维能力和辅助工具相结合。

数羊

即时数感的作用有限，遇到更大的数字，我们需要采用其他策略，它们涉及"过程"与"记忆"。这些策略当中的第一种称为系统计数。请允许我先介绍一下 calculus。

别紧张，这里的 calculus 不是指微积分，而是指拉丁语中的小鹅卵石。古时候的人将小鹅卵石用作计数工具，所以它逐渐衍生出数学含义。② 现在请想象一位牧羊人坐在山坡上，她的口袋装有和绵羊数量一样多的小鹅卵石。夜幕降临，羊群开始归栏，每入栏一只羊，她就把一颗小石头从一边口袋放入另一边，当把石头全部放进另一边口袋后，她确定所有羊都安全到家了。

牧羊人其实是在借助鹅卵石数羊。她使用的技巧以过程（一只羊与一颗小鹅卵石匹配）和记忆（不是她自己的记忆，而是鹅卵石的记忆）为基础。当然，她也可以依靠自己的记忆，但她选择使用工具，毕竟赶羊时容易分神。

---

① 数据学领域的信息技术人员也遵循一条非常相似的原则，即"Map-Reduce"模型。根据该模型，他们先将一个大问题切割成数个小问题，然后运行 Map 函数（相当于"计算"）分别处理每个小问题，最后通过 Reduce 函数把所有结果归集从而得到最终结果。

② 如果将放在沙盘中的鹅卵石拿走，盘中会留下一个椭圆形印记。据说这就是"0"的起源，它表示有东西不见了。

数数就是唱歌

如果牧羊人要数自己纺出了多少个羊毛球，她可能会依靠自己的记忆。即便如此，她还是会用到一对一的匹配技巧，她需要将羊毛球与脑海中的序列相匹配。这个序列便是语言中的数字——1、2、3……

数数就是唱歌。我们通过声音和符号记住数字序列。还记得很小的时候我就开始练习数数，我越数越快，能一口气数到 20，很是骄傲。我记得其他一些序列也是以计数为基础，例如星期、月份、字母表。[1] 许多儿歌童谣唱道"一呀二呀，系鞋带呀""一只鸟儿是悲伤，两只鸟儿是欢畅"。计数与记忆之间存在很深的联系。

费曼可以一边计数一边阅读，图基可以一边计数一边讲话

理查德·费曼是一位伟大的物理学家。他对很多事物都感兴趣，从物理到打鼓再到歌唱。为了更好地理解大脑的运作方式，他曾经做过一项实验研究计数。他不仅将实验过程告诉了好朋友拉夫·莱顿，也将其记录在《你管别人怎么想》（*What Do You Care What Other People Think*）一书中。

费曼想在相对固定的时间内数到 60，这个时间不一定是 1 分钟，只要相对固定即可。在"数到 60"实验中，他发现自己通常需要 48 秒。当数数时间固定后，他开始增加难度。他尝试通过运动提高心率让身体发热，却未能打乱他数数的节奏。

---

[1] 当我们用字母命名文件的组成部分时（如附录 A、附录 B……），我们实际上是在用字母计数。

但当他一边数到 60、一边数洗好的衣服时，他遇到了困难，特别是在数袜子的时候。他发现只要他能一眼看出物体的数量（依靠即时数感和规律识别），他的节奏就不会被打乱："我可以判断裤子有三条、衬衫有四件，但判断不出有多少只袜子。"

究其原因，他大脑中的计数回路已经被占用。之后，费曼先通过视觉技巧将四只袜子分成一组，然后通过计算得到了袜子总数，但他确实无法一只一只地数。

他还尝试使用类似的视觉技巧去数一本书的行数并且成功了。再后来，他可以一边看书一边数到 60，时间依然保持在 48 秒左右。但只要他读出声，计数过程就会被打乱。

一天吃早餐时，他向朋友约翰·图基说起自己的实验。身为统计学家的图基感到难以置信，坚持认为人类无法一边计数一边阅读，但可以一边计数一边讲话。费曼也不相信图基，于是两个人开始证明自己才是正确的。

费曼写道：我们讨论了一会儿终于有所收获。其实，图基的计数方式与我不同。他脑海中有一条带子，上面写着数字，从他面前飘过。当他说出"玛丽有只小羊羔"时，他可以看到一串滚动的数字！所以当他"阅读"飘过的带子时，他不能一边计数一边阅读。而当我在计数时，我会在脑海中"自言自语"，所以我不能一边计数一边讲话！原来如此啊。

但他们都无法一边读出声一边在脑海中计数。因为在这一过程中，图基需要"阅读"，费曼需要"自言自语"。

那些靠即时数感就可以理解的小数字可以触发大脑的直接反射，但遇到大数字时，我们需要通过大脑去加工、理解它们。一部分人像图基一样主要依靠视觉想象（例如一排数字或者一个图形），另一部分人则像费曼一样主要依靠听觉（在心里默念数字），还有一些人使用触觉等其他感觉。

我能体会费曼与图基的感受。我是一位业余萨克斯风手，需要经常进行嘴形练习。其中一项练习是交替发 eee 和 ooo 两个音。发

eee 时，嘴唇扁平同时向两侧伸展。发 ooo 音时，嘴唇收圆并且向前凸出。我需要重复练习 50 次，练习过程中我发现自己无法在脑海中计数。当我从 ooo 切换到 eee 时，嘴形变化非常接近我说数字 1（one）的时候。所以每次我计算自己练习了多少次时，总是数着数着就跳回了 1。

我和费曼一样，计数时调动的也是听觉。

唱歌就是计数

唱歌就是在计数，人类大脑能从计数中体验到音乐的乐趣，但人类却从未意识到这一点。

——戈特弗里德·莱布尼兹

演奏爵士乐时，三角铁乐手需要等待多个小节才能出场，其他时候他只能"休息"。轮到他演奏时，他必须在正确时刻敲响三角铁，他如何正确计数呢？

我也是业余爵士乐队的一员，我们演奏的许多乐曲都有 32 小节，每小节 4 拍。32 小节结构中有一个多次重复的段落，我们称之为"单位"。演奏一首乐曲需要重复单位多次，每次都遵循 32 小节结构。

演奏时，整个乐队先完整演奏 32 小节的原曲，然后节奏乐器组开始演奏单位，一个单位接着一个单位。此时，独奏者轮流进行即兴表演，各演奏 32 小节。完成所有独奏后，乐队再次一起演奏原曲。我们乐队都是临时决定演奏曲目。通常情况下，每位成员会拿到一份 32 小节乐谱，包含和弦和音符，有时连音符都没有。

每位成员都必须准确把握演奏的进度，必须在正确的时间开始独奏，也必须在正确的时间加入原曲演奏。理论上讲，每位成员都应该默默计算小节和拍子。

实际上，没有人会去计算 32 小节乘以 4 拍是 128 拍。乐曲具有结构性，它能帮助乐手把握进度。

如果一位乐手演奏过数千次 32 小节，他就会对 128 拍形成感知。通过感知 32 小节的进度，他知道何时轮到自己。爵士乐有固定的曲式，其中一种常见曲式为"AABA"，它有 4 个 8 小节。A 部分基本相同，B 部分（"中八"部分）会发生变化，但这不会打破乐曲的和谐。中八部分用于增强音乐张力，它又会在最后一个 A 部分回落。凡是熟悉爵士乐的演奏者都能听辨不同小节，所以能一直准确把握演奏进度。

如果乐曲对乐队的时间掌控提出更高要求，那么每位演奏者心中都会有一个节拍器，每 4 拍组成一个计数单位。有些人通过动作来计数，例如踏脚、点头或弹吉他，有些人则在心中默默计数。

随着经验积累，计数逐渐变成一种本能。大多数时候我们都能在正确的时间敲响手中的乐器，这让我很惊讶。

总而言之，计数与节奏、计时密切相关。现实生活中我们若想准确计数，就要学会辨别更大规模的结构（在音乐中，这些结构不只是拍子，还包括单位、小节和段落）。

分组计数

通过将元素分组，我们可以构建规模更大的结构（例如 4 个拍子构成 1 小节）。分组可以帮助我们计算大数字。如果是中等规模的大数字，比如几百，我们确实可以老老实实从 1 开始数起。倘若遇到更大的数字，这种方法就行不通了，因为我们很容易受到干扰，计数过程会被打断。

即时数感难以支撑精确计数，老老实实数数总有进行不下去的时候。从数学上讲计数没有尽头，数字本身就是一个无限集合，但人的精力和注意力有限。孩子们很喜欢展示自己的计数能力，他们能数到 20 甚至 100，但到此为止。系统性的顺序计数太过局限。

如果计数过程容易被打断或者持续时间太长，那么我们需要采用某种方式记录计数过程，从而保证它的连续性。漫画里的囚犯借助分组计数去计算剩余服刑天数。每过5天他们就在墙壁上画一条竖线，5天成为一个计数单位。通过这种方法，囚犯可以准确计算自己服刑了多少天，还剩多少天。

银行出纳清点现金时常常将钞票分成20张一组，然后捆成一捆放在一边。清点完后，出纳用捆数乘以张数就可以得到总额。总统大选中负责统计选票的工作人员也会采取同样的办法。当他们统计每位候选人的得票数时，会将一定数量的选票定为一个单位。选票越来越多，单位也越来越大。最开始500张选票构成一个单位（英国的做法），到最后1 000张选票构成一个单位。

通过这种方式，即便计票过程中断也不会造成太大影响。重新开始计票或检查计票的难度也不高。分组计数应用广泛，它能帮助我们统计很大的数字。比如，店铺打烊后收银员可以通过分组计数计算当天的收入，店家可以通过分组计数管理库存、批量收取货物。

一旦涉及大数字，我们不能也不应该完全依靠大脑。通过合理组织数字，我们可以从1、2、3飞跃到数千、数万。虽然我们不相信自己的大脑，但我们相信系统的一致性。如果我们以20张选票为一个单位计数，每数20张就捆成一捆，桌子上现在有两捆再加7张，那么总数为47张。如果我们老老实实地数，也会得到一样的结果。

近似计数

从理论上讲计数是一个精确的过程，毕竟计数的本质就是不断"加1"。如果不计算增加的1，计数就会失去意义。

但有时候这种简单的方法很难实现。日常生活中，大于1 000的数字实在没必要精确到最后一位。我们习惯只看全局、忽略细节。[1]

---

[1] 如果你需要计算选票或者从事其他对精度有较高要求的活动，那你就尽量追求精确吧。如果你只想把握数字大小或者只想得到近似值，那么无须苛求。

洋基体育场有多大

维基百科上说洋基体育场能容纳 4.9638 万人。对我来说，382 或者 362 并不重要，4.9638 万就相当于 5 万左右。

我采用了一种全新的思维策略，我将大数字简化成了"千的乘数"。采用这种思维方式，我将数字分成了两个部分。第一部分为有效位数 50（包括 0），它们最重要；第二部分为乘数（1 000），它代表数字的规模。如此一来，我们就可以全面理解数字了。这就好比在读一本书，乘数告诉我们目标数字在哪一页，而有效位数告诉我们它在哪一行。

维基百科的说法靠谱吗？我对洋基体育场一无所知，5 万这个数字是否可信？如果我先交叉比较再分而治之，是否就能理解这个大数字呢？

问题来了。我可以想象出 4.9638 万个座位吗？肯定不行，想都不用想。4.9638 万可不是小数字。

我可以想象 1 000 个座位吗？这我可以：25 排，每排 40 座。这相当于大规模的影院或者中等规模的歌剧厅。

我可以想象出 50 乘以 1 000 个座位吗？可以，只需调动一下想象力。

虽然我不清楚洋基体育场的外观或布局，但我可以通过想象建立视觉感受。座位不可能全部位于同一水平面，我可以将它们分成 3 层，每层有 18 组"千座"，一共 54 组。但是第一层要少 4 组，因为这层设有出入口。

"每层有 18 组"又是什么样？棒球场的形状像钻石或者菱形风筝，它共有四条边。其中两组每边 4 组座位，另外两组每边 5 组座位。视野好的区域座位相对集中些。座位之间建有台阶供商贩上下兜售柠檬水、花生和热狗。我都能闻到热狗的味道了……是的，我可以想象出这个体育场！

我脑海中已经浮现出一幅画面，它栩栩如生又合情合理（座位共 3 层，每层 4 条边，每边 4~5 组"千座"）。原来这座体育场不大也不小啊！我说的对吗？

遇到更大的体育场，我还能以"万座"为单位（我可以直接比较两个量级相同的体育场，因为它们都在"书的同一页上"）。这意味着我可以轻松比较 5 万座位的洋基体育场和 5.6 万座位的道奇体育场（美国最大的棒球场）。

洋基体育场是美国第四大体育场。波士顿的芬威球场排名第 28，它可以容纳"或多或少" 3.8 万人。[1] 世界上最大的（非棒球）体育场可容纳 10 万人以上。于是我们可以得到以下结论：5 万座位的体育场确实不算大啊。[2]

回顾整个思维过程可以发现我们使用了两种强大的工具：

将大数字"4.9638 万个座位"简化为"50×千座"。这个技巧存在一定风险，因为千座这个单位是想象出来的，我们并没有一个座位一个座位地数，我们对千座的想象可能不够准确。因此，我们必须时刻提醒自己正在处理千的倍数。如果我们要处理更大量级的百万、十亿、万亿，我们的理解会更模糊，数字也更难把握。尽管这个方法存在一些风险，但它仍然是本书五大数字处理技巧之一。我将它称为"分而治之"，后文这一技巧将多次出现。

我们还使用了五大技巧中的视觉化。通过简单的算术我们在脑海中建立了洋基体育场的模型，它帮助我们判断 5 万座的可信度。不管维基百科给出的数字是否精确，我们至少可以确定这个数字是可信的。这就是理解大数字的精髓。

---

① 有了洋基体育场作参考，我可以说芬威球场比洋基体育场少 12 组千座，也就是说每边、每层都少 1 组千座。

② 通过这几个例子，我学会了判断体育馆的规模，因为我心中有数——基准数字。如果别人说某个体育场能容纳 15 万人，我可能会吃惊（或者质疑数字的合理性）。

什么时候"或多或少"就足够了

投票不是民主，计票才是。

——汤姆·斯托帕德

大选中重新计票的情况十分普遍。当计票结果出现一定误差时（英国议会选举章程规定误差超过 50 票就必须重新计票），工作人员必须重新计票，直到将误差降低到法定范围内。

这类规定告诉我们计数过程并不完美。计票不可能百分之百精确，误差时常发生。但只要胜选率远超过误差率，我们就得接受选举结果，就得接受误差。

人口普查（需要复杂的计算工作）同样不完美，统计人员也会出错，他们能做的就是尽量将误差降到最低、得到最接近真实情况的估计值。

美国人口普查局官网上有一个人口时钟，它能显示美国人口，外形酷似汽车里程表。美国人口普查并非实时进行，每次普查会持续 10 年，每年都会展开"测量"工作。以测量数据为基础，统计人员能估算、预测每月的人口变化，然后根据变化率调整人口时钟上指针的行走速度。

因此，人口时钟的工作原理是用人口去计时。费曼通过计数去把握时间，爵士乐手通过计算小节和拍子去把握时间，而美国人口普查局则使用时间表示人口变化。

大多数情况下我们把握大数字的近似值就足够了。日常生活中，我们不需要精确到最后一位，但数字的前几位必须正确。最重要的是，数量级必须正确。统计人口已经很难了，但还有比这更难的。

海里有多少条鱼

电影《海底总动员》的宣传海报上说海里有 3.7 万亿条鱼。这个数字怎么来的？肯定不是一条一条数出来的。这样的数字只能是估计值，但究竟是怎么估算的？

答案就是建模和抽样。科学家构建了一个模型，将世界上的海洋划分为多个区域，每个区域详细罗列了本区域可能存在的鱼类。然后通过多种方式对尽可能多的区域进行抽样。

抽样方法包括查看商业捕鱼船登记的鱼类、查看科考船的研究详述等。随后科学家以这些数据为基础估算每个区域的鱼的数量，接着求和（允许存在误差），最终得到一个"最佳估计值"。

我们再来交叉比较一下，毕竟我们想做数字公民，不妨多尝试一些方法。2009 年，不列颠哥伦比亚大学的研究人员调查了海洋植物的生长及其在整个食物链中的位置变化。研究人员计算出鱼类生物总量在 8 亿~20 亿吨，我们不妨取中间值（14 亿吨）。如果每条鱼平均重 0.5 公斤，那么海里大约有 2.8 万亿条鱼。因此，《海底总动员》宣传海报上说的 3.7 万亿条鱼至少在数量级上大致正确。

天上有多少颗星星

要计算海里有多少条鱼，我们不可能一条一条去数；要计算天上有多少颗星星，我们也不可能一颗一颗去数。我们同样需要建模、抽样得到一个最佳近似值，以大概把握数量级。

根据天文学的估计，一个普通星系平均有 1 000 亿到 2 000 亿颗星体。可观测宇宙中大约 2 万亿个星系。[①] 也就是说，星体总数大约为 200 个千的七次方到 400 个千的七次方。

"千的七次方"是什么？我非常熟悉百万（million）、十亿（billion）、万亿（trillion）等数量级，但每当遇到"千的七次方"我都要思考一会儿。千的七次方等于一万亿个十亿，即 10^{21}，天文数字无疑。英语中凡是后缀为"¬illion"的数量单词都很大，超越了我们的理解极限，我们只能使用科学计数法。那么，星体的数量可能在 $2×10^{23}$ 到 $4×10^{23}$ 之间。

---

① 2016 年 10 月，基于哈勃太空望远镜多年以来搜集到的数据，科学家将这一估值改为 2 万亿。

> **基准数字**
>
> 一个普通星系中的星体数量最少为 1 000 亿。
>
> 宇宙中的星系数量约 2 万亿。
>
> 可观测宇宙中的星体数量最少为 $2×10^{23}$。

数什么

事实证明计数并不是那么简单。人人都能从 1 数到 3，要是遇到 3 以上的数字，我们要么使用估计值，要么使用思维策略，调动听觉或视觉将数字与已知序列相匹配。但随着数字越来越大，系统性的计数很快就不管用了，于是我们开始记录数字。面对大数字，我们不会老老实实去数。相反，我们建模、抽样，通过计算得出估计值。就天文数字而言，我们能把握它的量级就很不错了。

10 亿有多少

下表称为"数字阶梯"，之后的章节中它将多次出现。数字阶梯有一个起点（下表为 1 000），每一个数字对应着现实世界中"或多或少"与之相匹配的事物（1~2 个），数字会不断增大。每列举完三个同等量级的数字后，我会将数字扩大 10 倍移到下一个量级，然后不断重复此过程……

数字	现实世界中与之相匹配的事物
1 000	托马斯·爱迪生拥有的专利数量＝1 093
2 000	毕加索的画作数量＝1 885 诺福克岛①的人口＝2 200
5 000	世界上集装箱轮船的数量＝4 970 蒙特塞拉特②的人口＝5 220

---

① 位于南太平洋的一个澳大利亚小岛。

② 一个多山的加勒比岛屿。

续表

数字	现实世界中与之相匹配的事物
1万	库克群岛①的人口=1.01万
2万	帕劳②的人口=2.12万
5万	法罗群岛③的人口=4.97万
10万	泽西岛的人口=9.57万 墨尔本板球场的座位数量=10万
20万	关岛的人口=18.7万
50万	佛得角的人口=51.5万
100万	塞浦路斯的人口=115万
200万	斯洛文尼亚的人口=205万
500万	挪威的人口=502万
1 000万	匈牙利的人口=992万
2 000万	罗马尼亚的人口=2 130万
5 000万	坦桑尼亚的人口=5 070万
1亿	菲律宾的人口=9 980万
2亿	巴西的人口=2.02亿
5亿	世界上狗的大概数量=5.25亿
10亿	世界上小汽车的数量=12亿 世界上猫的大概数量=6亿
20亿	Facebook活跃用户的数量（2017年6月）=20亿
50亿	人类基因组中碱基对的数量=32亿
100亿	世界人口=76亿
200亿	世界上鸡的数量=190亿
500亿	人类大脑神经元的数量=860亿
1 000亿	人类诞生以来的总人口数=1 060亿
2 000亿	我们所在星系的星体数=2 000亿
5 000亿	非洲象大脑神经元的数量=2 570亿
1万亿	仙女星系的星体数量=1万亿
2万亿	世界上树木的数量=3万亿
5万亿	海洋中鱼的数量=3.7万亿

① 由15个岛屿组成的南太平洋群岛国家。
② 由500多个岛屿组成的西太平洋群岛。
③ 好像岛屿的例子太多了……我还是换一个吧。

数字	现实世界中与之相匹配的事物
10 万亿	1TB 硬盘的字节数 = 8.8 万亿
20 万亿	人体细胞的数量 = 30 万亿
50 万亿	人体细菌的数量 = 39 万亿
1 000 万亿	人类大脑突触的数量 = 1 000 万亿

由此看出，国与国之间在人口规模上差距很大，例如，巴西人口（约 2 亿）是罗马尼亚（约 2 000 万）的 10 倍，是斯洛文尼亚（约 200 万）的 100 倍。这些难道不是理想的基准数字吗？

如果数字再大，我们称其为"天文数字"，本书单独设有一章讨论它们！

你知道吗?（纯属巧合，无实际意义）

日本的人口（1.26 亿）约为

　　2×英国（6 360 万）。

埃菲尔铁塔的铆钉数量（250 万）为

　　2×斯威士兰的人口（125 万）。

温布利球场的座位数（9 万）约为

　　25×哈默史密斯阿波罗剧院的座位数（3 630）。

印度武装部队现役人员（132.5 万）约为

　　20×印度伊甸园板球场的座位数（6.6 万）。

世界上自动柜员机 ATM 的数量（300 万）为

　　2×驼鹿/麋鹿的数量（150 万）。

世界上狮子的最大估计数量（4.74 万）约等于

　　斑鬣狗的最大估计数量（4.7 万）。

你周围的一切都和数学有关；你周围的一切都和数字有关。

——夏琨塔拉·戴维

下列哪件物品最重？

☐ 中等大小的菠萝

☐ 一双经典样式的男士皮鞋

☐ 一杯咖啡（包括杯子）

☐ 一瓶香槟

一个老问题：啤酒有多烈

19 世纪 90 年代初期，俄罗斯埃及学家弗拉基米尔·古列尼谢夫在埃及古城底比斯的废墟中购买了一幅莎草纸卷轴。它长 5.5 米，最宽处为 7.6 厘米，上面有 25 道运算题。卷轴可以追溯到公元前 1850 年，现在人们称它"莫斯科数学莎草纸"。

莎草纸罗列了一系列运算题，涵盖各种主题。其中两道题涉及计算船舶零件——舵和桅杆——的比例，另一道题涉及树木的木材量，还有一道题涉及工人制作凉鞋的产量，其他题则和几何有关，比如计算截棱锥的体积。然而 25 道题中，有 10 道与烘焙和酿酒有关。制作特定量的面包和啤酒需使用多少谷物？最重要的是，如何通过运算去预测并控制所酿啤酒的度数？

一个运转良好的复杂社会始终需要数字。不论是修建金字塔，还是酿造啤酒等日常事务，古埃及都需要大量的抄写员去管理相关数字。数字在社会中的重要性往往超过很多其他事物。

什么是计算能力

计算能力不等于数学

苏格兰教育协会（Teach in Scotland）在其官网上定义了计算能力：

计算能力乃日常知识，它使我们能够理解、阐释周围的世界。如果我们能够自信熟练地使用数字去解决问题、分析信息、做出明智决定，我们便具备计算能力。

注意：以上文字并非在描述数学。的确，数学家对数字和数字概念兴趣浓厚，数论是数学领域一个独特而重要的分支，但我们不能被它的名称误导，数论与计算能力完全不同。

数学本质上是一种抽象思维，它使我们可以严格对数学"对象"进行推理。数学对象本身就是抽象的（数字是一种数学对象，但还有许多其他种类的数学对象）。

相反，计算能力是一种实际能力。它能将抽象的数字与物理世界、社会互动联系起来。苏格兰教育协会对计算能力的定义主要强调以下几点：

- "日常知识"：人们每天都会使用计算能力。
- "周围的世界"：计算能力与我们所生活的世界息息相关。
- "自信熟练"：计算能力好比一种你熟悉的工具，比如一个锋利的刀片，它就在你手边，随时能够派上用场。
- "做出明智决定"：每位公民都是决策者，尤其是手握选票的选民。决策需要了解，了解需要知识，知识需要计算能力。

在这个时代，没有人愿意承认自己是文盲，但大家却乐意承认自己是"数盲"（对数字很迟钝）。这两个字似乎是一块令他们骄傲的奖章。如果你正在阅读这本书，我猜你自能理解这一现象的荒谬之处。这本书的目的并不是讨伐"数盲"，而是让读者从日常计算能力的培养和实践中获得乐趣。

计算能力不等于会计

计算能力不等于数学，也不等于擅长算术（这只是附带效应）。要具备计算能力，我们并不需要变成簿记员，也不需要具备将大串数字准确相加的能力。

具备计算能力的公民并不需要准确清点所有钞票，但他们需能在各种场合准确判断资金总额的大小。

民间计算能力与科学计算能力

计算能力源于生活。赶火车时，我们会比较数字、估算速度。准备晚餐时，我们会判断食材量。观看体育比赛时，我们会理解、评估各种数据。祖先狩猎时，需要计算一天的收获，判断是否能够满足族人的需求，判断是否可以在夜幕降临之前回到洞穴，判断距离春雪融化还有多久。

数字与文化交织在一起。《圣经》里面遍布数字和度量单位。《旧约》第四卷的标题为"民数记"（Numbers）。它记载了针对流浪的以色列人进行的两次人口普查。人类的语言见证了我们和祖辈生活中的数字和度量单位："十四个夜晚"为两周，"浪"为犁沟的长度，下一代为"千禧一代"，人类来到了"里程碑"。就连儿童歌曲里都隐藏着计算能力："杰克"和"及耳"① 都是液体容量单位，这可不是巧合。

人类要顺利开展日常生活，就必须具备一定的计算能力。牧羊

---

① 及耳与英文人名"吉尔"发音相同。（译者注）

人需要计算绵羊的数量、磨坊工人需要计算袋装面粉的数量、酒铺老板需要计算一品脱啤酒多少钱。这种计算能力比较基础，没有人会将它视为专业知识。这些时候，我们不会惧怕数字，不会说自己是数字白痴。在人类日常生活中，在我们所熟悉的领域中，计算能力自然存在。这便是民间计算能力。

当人类社会发展到一定程度，比如当村庄发展为市镇，当地政府需要征税时，我们就需要专业的计算能力。税务部门需要计算数百户家庭缴税总额，这时数字开始变大。随着经济的发展，与国家经济、人口相关的数字越来越多、越来越大。数学和其他科学领域的人才会聚一堂，按照国际标准携手处理日常商务和生活以外的数字。

此时，数字已经脱离日常生活。当城市税务部门征税时，税收总额对每个家庭的影响模糊不清。居民成为密码。预算涉及收多少税、如何开支。和预算有关的数字都很庞大。

即使你生活在金融圈或数学圈以外，也会受到这些天文数字的影响。民主国家的公民在行使选举权时，需了解国家预算，需了解人类活动对大自然的影响，需了解国家政策对贸易和财富的影响。然而，很少有人能弄清楚，因此很少有人能够做出明智的决定。

我们不是文盲，但却是数盲

神奇的事情每天都在发生。但最最神奇的是，人类虽是猿类的近亲，但我们却奇迹般地掌握了数学。

——埃里克·贝尔，《数学的发展》

人类这个物种并非天生就具备计算能力。我们对数字的观察和感知取决于两个技能：第一个技能称为"即时数感"，指在不计算数量或识别规律的前提下，即时感知数字（该能力终止于数字4①）。第二个技能称为"近似数感"（对数量的感知），它帮助我们对大数字建立一种粗略的、不够精准的印象。

虽然人类是猿类近亲，但我们的计算能力十分强大。我们已经成功将太空探测器发射到 50 亿公里外的冥王星，这便是有力的证明。人类究竟是如何将初级的数感转化为高级的计算能力的？

我们之所以能够做到这一点，是因为我们调动了其他一系列思维能力（主要与语言、组织和哲学相关）。我们不断发展自己的思维能力与技巧，让它们为计算能力服务。人类的语言清楚地表明了数字和文字之间的"纠缠"关系，如朝三暮四、万里挑一等。

当我们计数时，我们在唱歌。唱歌依靠记忆、重复和节奏，计数也依靠这些。最简单的计数方法是背下一个数字序列，然后将计数对象与数字序列一一匹配。当一个数字序列用完后，就再来一个序列，但略有不同（"一、二"变成了"十一、十二"）。需要多少次，我们就重复多少次。

我们能够有意识地存储记忆。正如诗人记忆史诗那样，我们可以刻意训练自己记住乘法表。然后，我们就可以利用脑海中的乘法表进行心算了。

人类很喜欢在故事中设置鲜明的矛盾：好人和浪子、穿灰袍的甘道夫和穿白袍的萨鲁曼。太阳主管白天，月亮主管夜晚。我们学会对称、平衡和规律。我们进行评估和比较，我们将这些技能用来处理数字。

记忆力有一个迷人的姐妹——想象力。想象力不仅使我们能够创作新的歌曲和新的故事，还使我们能够预测未来。看到未播种的田地，我们可以预测需要播种多少种子才能实现预期收获。

人类善于合作，善于组织自己。我们善于制订计划，善于罗列出复杂过程中的每一个步骤，然后挨个执行。通过这种方式，我

---

① 和人类相比，电脑甚至袖珍计算器却具有内嵌的、与生俱来的计算能力。

们学会了如何系统地工作，能够按顺序完成任务。以同样的方式，我们设计出了理解数字的复杂链，运用同样的组织能力去追踪我们在计算过程中的位置。

这些技能本身和数字无关，但人类却将它们结合在一起。毕竟我们是"狡猾的猴子"。

我们不仅可以做"狡猾的猴子"，我们还可以做"明智的类人猿"。我们知道如何从周围的世界中抽象出数字、形状和结构。我们争论、我们推理，在此过程中，我们提炼出逻辑技巧、形式化思维过程。

受强烈好奇心的驱使，我们喜欢从物理上和概念上分解事物。我们制作思维模型和抽象结构，我们将整体分解成部分，然后命名这些部分，甚至命名各个部分之间的关系。

我们一边周游世界，一边讲述故事。在这个过程中，我们学会了顺序和结果这两个概念，并从中抽象出推理链。当我们学会了抽象、结构和逻辑后，我们便掌握了数学的基本技能。

但这本书和数学无关。这本书的目的是驱散大数字带来的迷雾，它让我们看不清这个世界。我们如何驱散迷雾呢？我们并不需要重新安装大脑，也不需要喝下开发大脑的神奇药水。

实际上，我们已经具备了开发数字思维的基础技能：记忆、顺序、视觉化、逻辑、比较和对比。此外，我们还可以运用人类专属的文化技能去提高自己的计算能力。

所以，当你阅读这本书时，你会发现书中到处都是基准数字，它们不但实用，而且方便记忆。你还会发现许多数字阶梯，即递增的数字序列。它们组成了一部奇特的数字诗集。通过书中一些故事，你会理解为什么人们喜欢使用某些特定词汇谈论数字。本书还会提供不少视觉化案例，帮助你在空中搭建城堡。你还会遇到一些奇怪的比较和对比，它们能够突出事物之间的差异。

尽管我们生来就是数盲，呱呱坠地时我们的计算能力还比不上算盘，但我们善于将自己的文化优势转化为计算能力。此外，人类还发明了不少机械工具，如打字机、计算器和电脑。它们可以提高人类的数字处理能力，让我们乘着载人飞船前往新世界。

量词

量词为什么重要

既然这本书的主题是数字，那我为什么还要花笔墨讨论量词呢？因为通过量词，我们可以发现人类如何看待数字、如何感知数字、如何体会数字。

量词并不只是一种充满偶然性的计量单位。透过量词，我们可以看到它们起源和演变的条条踪迹，量词承载着历史。数字以及那些根植于文化中的词也是如此。接下来，我们来看几个基本量词，以及它们蕴藏的丰富含义：

"一"解答了关于宇宙存在的一个根本性问题："宇宙中为什么存在事物或生命，而不是空空如也？""一"精确定义了存在和空无之间的区别。"一"关乎自我。我有一个身体，我有一套世界观，我沿着一条生命轨迹前行，我看见一个世界、一条地平线。"一"是起源，"一"是唯一。

"二"是第一个倍数，也是"大于一"这个概念的第一个实例。"二"是第一个真正传达"计数"概念的数字，因为它是第一个复数。"二"是第一个表征事物之间关系的数字，它可以象征联系，也可以象征融合，还可以象征分裂。"二"是第一个涉及对称性的数字（双手、双脚）。"二"是第一个描述对立面的数字（东 VS西）。"二"是第一个描述差异的数字（"这个" VS "那个"）。其他所有量词都必须沿着它的脚印前行。

"三"蕴含的内涵既神秘又神奇。"三"关乎创造，它使1+1＝3成为可能——爸爸、妈妈与孩子；论题、对立与综合；分子、分母与商。"三"即三位一体。① 我们生活在三维空间中。桌子要站稳至少需要三条桌腿。绘制一个平面几何图形至少需要三条直线。修辞遵循三原则，因为它们是创造韵律的基本条件。"三"也是第一个可以表示排斥的数字。

"四"和稳定、秩序紧密相连。生命周期分为四个阶段——生长、成熟、衰退、死亡。许多动物有四条腿，指南针有四个方向。"四"代表正方形和矩形，建筑和田野，公平交易以及整齐有序。

手上有"五"根手指，脚上有"五"个脚趾。一周有"五"个工作日。

这样的例子不胜枚举。前五个量词不只具有计数意义，它们还具有丰富的内涵。② 我们可以以此为基础发挥各种想象。听到四口之家，我们会联想到他们围坐在一张四四方方的餐桌前。如果购物清单上列着三种商品，假如是我，我会将它们连成一个三角形。

拥抱数字的量词

人类语言中数字无处不在。如果企业要实现同"一"个目标，那么所有成员必须上下"一"心。印欧语系有一个词根"dwo"（意为"二"）构成了许多和"二"相关的表达，包括"duels"（决斗）、"duals"（双重奏）、"two"（双方）、"twain"（泾渭）、"dilemmas"（进退两难）、"dichotomies"（二分法）、"dubious duplicity"（口是心非）等。表示"三"的词根"tri"则构成"琐事"（trivia）、"三叉戟"（trident）、"三脚架"（tripod）、"三轮车"（tricycles）和"三角学"（trigonometry）。几年前我访问圣安

---

① 在剑桥大学三一学院，康河上那些方头平底船的名字无一例外都和"三"有关："帽子戏法""魔鬼的颤音""火枪手""疯狂的乔治王""哈瑞·莱姆""三角关系"等。

② 实际上，正是因为头几个数字如此特殊，英语人士会为了它们打破构词规则。在英语中，"第一、第二、第三"这几个序数词拼写独特，"第十一、第十二、第十三"亦是如此，它们的拼写规则区别于其他序数词。纸牌中，"一点"为"A"（"两点"有时也有独特的叫法）。

德鲁斯大学时，发现该校设立了一个有趣的职位——"Hebdomadar's Block"（周训官，即每周负责教学纪律的官员）。"Hebdomadar"一词源于希腊语中表示"七"的词根。

如果我们运气好，我们双眼的视力能达到1.0/1.0。如果我们运气不好，我们会被"第二十二条军规"禁锢。① 打完一回合高尔夫比赛后，我们会去第十九洞②，然后在这里一醉方休。

度量单位的词源

希腊人将脚称为"podes"，罗马人将脚称为"pedes"，而英语人士将它称为"feet"。虽然拼写不一样，但它们都是度量单位，都源自人类身体部位。虽然我们的脚码数不尽相同，但每个人都欣然接受它作度量单位。正因为它源自人类身体部位，我们凭直觉就能理解它。这些源自人类身体部位的度量单位被称为"人体单位"，后文中我们将遇到更多。

在莎士比亚的《暴风雨》中，爱丽儿对费迪南德唱道，"你的父亲卧于五英寻深处"，但现代人几乎没人知道"五英寻"到底有多深。其实，"英寻"最初指"仲山的手臂"， 英寻相当于两只手臂展开的长度。

在我眼里，度量单位自身就很有趣，但它如何和语言、思想、数字相结合则更有趣。它们之间的联系使我们能够记忆事物。当我们记住事物后，我们就能通过它们理解世界。

科学计数法

针对天文数字的标准科学计数法，全称"科学和工程计数"，它完美地履行着自己的职责。这套方法全球通用，既适用于小到难以置信的数字，又适用于大型天文数字。如果我们想到达这趟

---

① "第二十二条军规"出自同名小说，指因为规则不合逻辑、不切实际而使人陷入进退两难的境地。（译者注）
② 第十九洞指高尔夫会所的酒吧。（译者注）

旅程的终点或者谈及某个巨型数字，我们早晚都会用到它。所以在这里，我们需要提醒一下各位读者它如何运作：

根据科学计数法，世界人口（76 亿）为 7.6×10^9。其中，10^9 表示 10 亿，等于 10 的 9 次方，等于 1 后面跟 9 个 0。同理，1.5×10^{-14} 米（请注意负次方）表示极短的距离，它为铀原子的直径。如果按照常规的十进制格式，小数点后会跟着 13 个 0，即 0.000 000 000 000 015。

为什么我不在本书中使用科学计数法呢？因为它不能满足读者的需求，它需要读者动用认知能力解码数字，让读者无法对数字形成直觉感知。这种计数方式远离日常生活，它是外星人的语言。当我们谈及宇宙的大小时，我们才会使用科学计数法，因为我们别无选择。但如果只是日常计数，我宁愿使用常规计数方式，我宁愿多写几个 0，因为我不想用次方去描述数字。

出于以上原因，我会将赤道的周长表达为 4 万公里。我希望读者能凭直觉感知 1 000 公里有多长（它可能略微长于你每天的舒适驾驶距离）。然后我会邀请你在头脑中视觉化 40 个"标准距离"，它好比一段长途驾驶。在这里，我们采用了"分治算法"这一策略，同时适当地将数字形象化。

千的次方

大数字从哪里开始

何谓大数字？我们数字舒适区的边界在哪里？什么时候我们会失去数感？

冲浪的时候，当我双脚尚能稳稳踩在沙滩上时，我信心满满。但是当我进入较深的水域后，我发现水流开始摇晃我，我难以保持平衡。当我进入更深的水域后，我发现自己都不能让脚踩在冲浪板上。这时候，我需要采取新的策略（涉水、游泳或者向漂浮工具求助）。我已经达到了自己的极限。

当我在大数字的海洋里冲浪，也会有类似的体会。总会有个时候，我们无法将数字视觉化，无法感知数字。我的脚触不到冲浪板，我需要采取新的策略。如果我想在数字的海洋里畅游，我必须找到方法突破自己的极限。

那么问题来了，我的数感极限在哪里？什么样的数字才算大？

坚实的基础

即时数感，即在不计算数量、识别规律的前提下直接、迅速地感知数字的能力，大约止步于数字 4。如果我们仅仅依靠即时数感，大于等于 5 的数字都是大数字。好在上学的时候，我们学习到了一些技能。这些技能让绝大多数人与几百甚至更大的数字建立起一种亲密关系，让他们能够处理这些数字。

少数人则踏入了数字的专业领域，他们会接受严格的训练以处理大到没有边际的数字。他们开始积极熟练地使用科学计数法。

但是随着数字越来越大，我们所有人——包括数学家和科学家——都开始失去数感。数字越大，我们越迷茫，越需要付出脑力劳动去理解它。

就拿 2.5 万亿来说，几乎没有人可以立即在脑海中视觉化它。也就是说，我们所有人都必须付出认知努力去解码它，然后才能理解它在具体语境中的含义。

我们可以采取下面几种方法理解这个数字：

• 将"万亿"视为一个单位，一个黑匣子。如果需要的话，我们可以打开它。如果不需要，就别费神了。如果新闻报道说美国的预算已从 2.2 万亿美元增加到 2.5 万亿美元，我们对这种数字呈现方式已经很满意了。因为在这种情况下，我们更感兴趣的是增长幅度。

• 采用科学计数法。科学家说，这很简单，2.5 万亿就是 2.5×10^{12}，我知道如何处理它，我非常熟悉这个数字的算法。

● 借助人均比率。经济学家说，2.5 万亿很容易理解。我知道世界上有 70 多亿人口。如果一个国际项目的成本为 2.5 万亿美元，那么分摊到每个地球人身上约 300 美元。

● 进行基准比较。如果你刚好掌握了相关知识且刚好处于正确的场合，你可以说 2.5 万亿大约占海洋中鱼的数量的 70%。

如果不能进行一步或多步认知加工，没有人可以理解这样的数字。问题在于什么样的认知策略最靠谱。

我的数感极限在哪里

对我来说，我可以凭直觉自信感知、视觉化或意会的最大数字在 1 000 左右。

1997 年国际板球锦标赛上，斯里兰卡以 952 分的高分击败印度，创下史上最高分纪录。我们凭直觉就可以想象比分如何滚雪球般地增长：1 分、2 分、4 分、6 分……虽然 952 是个挺大的数字，但我能理解它。这几乎就是我的数感极限了。要是再大点，我就束手无策了。

遇到大数字时，我必须打开自己的技巧库。它好比我在数字海洋里的漂浮工具。我可以通过认知努力和数学技巧处理这些数字。面对 1 000 以上的数字，我清楚认识到我得借助上文提到的那些科学手段或思维策略。

同样，面对极小的比例或分数，我的数感极限在千分之一（1/1 000）。如果更小，它就会超出我的理解能力，我无法视觉化它。

虽然以上纯属个人经验，但我觉得自己绝非个例。我们的文化已将我们处理数字的方式编成了一部法典，有证据可以证明。它表明 1 000 这个临界点实属普遍现象。当数字从几百变成几千后，我们发现自己需要换挡，需要使用不同的思维方式去处理数字。

接触大数字

读书的时候，我们学习了乘法表，12×12＝144；每个班级的人数以 10 为单位，每个小组的人数要么是 11（板球），要么是 15（橄榄球）。小时候，我为自己能够数到 100 而骄傲，有一两次我还数到了 1 000。通过这种方式，小学时期的数学让我对 100 范围内（或者再大一点）的数字倍感亲切。

同样是在学校，我们学习了大数字的定义（数百万、数十亿）。在我们的认识中，没有数字是"不可数"的。虽然我从未试过数到 100 万，但我觉得只要我坚持不懈，最终能做到。如果我行走得足够远，即使不能到达天涯海角，至少能到达下一个小镇。①

长大成人后，我们遇到的数字越来越大。体育比赛的观众可能成千上万，难民人数可能几万甚至几百万，全国人口可能达到几百万甚至几十亿，国家预算可能为几十亿甚至几万亿，不管什么货币单位。

通常这些数字很重要，我们不能对其视而不见或迷惑不解。如果人们无法清楚理解这些数字，就会提出错误的观点、做出错误的决定。2 万个难民似乎挺多，在某些情况下也确实如此，但与 6 000 万人口相比，它只等于 3 000 人中的一员。1/3 000 已经超出了我的数感范围，对我来说，这个数字实在太小了，我无法凭直觉理解它，我需要一些认知努力才能处理它。

视觉化 1 000

如果你也像我一样，一旦数字从几百跳到几千，数感便不起作用了，我们再也无法凭直觉感知数字，我们掉入了大数字的深渊。接下来我们来理解一下 1/1 000。

---

① 当然，我学会了许多理解和处理数字"100 万"的方法，要么通过算术，要么将它视为 100 的立方或 1 000 的平方。但这两种方法都需要认知加工，算不上直接感知数字。

下图中，从 1/10 到 1/1 000，每根黑线中间的浅灰色区域逐渐缩短，最后一根黑线上，你几乎无法看到它。

| 1/10 |
| 1/20 |
| 1/50 |
| 1/100 |
| 1/200 |
| 1/500 |
| 1/1000 |

让我们再来看看其他例子：

• 美国 66 号公路的长度与纽约中央公园的周长比为 1 000∶1。开车从芝加哥经 66 号公路到洛杉矶最快需要 4 天左右。相比之下，开车经过中央公园（交通顺畅的情况下）仅需 5 分钟。

• 板球赛场上，两个三柱门之间的距离和一分硬币的比例为 1 000∶1。

• 非洲最高的山乞力马扎罗山和长颈鹿身高的比例为 1 000∶1。

• 航空母舰的长度和跳蚤跳跃距离的比例为 1 000∶1。

语言中的千次方

事实证明，英语这种语言也赞同我的观点。我们的计数系统是十进制的，以数字 10 为基础。就位数而言，10 每增加一个次方，数字就多一位。因此，我们牢牢扎根于以 10 为基础的数字世界中。英语中，只有 10 的 1、2、3 次方，即十（ten）、百（hundred）、千（thousand）有专门的单词。

但 1 万却没有，我们可以将它变成 10 乘以 1 000。语言本身表明我们现在已经踏入了大数字的领域。在这里，我们需要处理各种大数字。我们可以将 10 乘以 1 000 分解为两部分：伪度量单位"千"以及有效数字 10。千和 10 正好都位于我们的舒适区。

当然，英语中还有不少 1 000 以上的数字单词，比如百万（million）、十亿（billion）、万亿（trillion）等。请注意，它们其实都是千的次方。所以，英语人士能轻松说出数字 728 000。但遇到 21 352 000 时，我们恐怕得借助百万，将其表述为约 21.4 百万（2.14 千万）。我们喜欢重新规范化数字，以使有效数字继续停留在我们的舒适区。单位百万能够将大数字压缩打包，让我们轻松扛起它。①

即使一个大数字可以分成很多位，但千是最重要的转折点。像 125 000 000 这样的数字，我们会在中间加千分空——如你所料——125 000 000。我们处理日常生活中大数字的方式清楚表明了千的分量，它是我们处理大数字的出发点。

条条大路通 1 000

尽管古罗马人对计数系统做出了一定贡献，但他们最多只能数到 1 000。

遇到 1 000 的倍数，他们会在数字头上加上短横线，比如 C，它表示 100 000。这说明古罗马人同样意识到 1 000 是一个转折点。

我们来看一些其他例子。以下为数字单词前缀：

10（deca-），很少使用

10^2（hecto-），很少使用

10^3（kilo-）——无 10^4、10^5

10^6（mega-）

10^9（giga-），依此类推

再比如：

---

① 旧时，英语人士会用 100 个 100 万表示 1 亿，用 100 个 10 亿表示 1 000 亿。不难看出，这种"冗长"的数字命名方式以百万的次方为基础。这一规律挺有意思。虽然它比我们现在使用的"精简"数字命名方式更符合逻辑，因为它让英语计数前缀（2-，3-，4-，5-）的存在显得合情合理，不过现代人还是抛弃了它。去想想原因吧！

1/10（deci−）

10^{-2}（centi−）

10^{-3}（milli−）——无 10^{-4}、10^{-5}

10^{-6}（micro−）

10^{-9}（nano−），依此类推

即便是在科学世界里，千的次方也受到了特殊对待。

精确度

工程师在工作中对精确度的追求可谓极致，但对普通工人来说，他们的工作精确度确实有限。我旁边有个书架，长约2米，高约1米。虽然它制作精良，但当我仔细测量了它的尺寸后，我依然发现了1~2毫米的误差。所以它的精确度为1/1 000。

在英国国产飞机的官网上，可以搜到一些客机的制造方案。我详细研读了其中一个，发现绝大多数度量值最多只有三个有效数字，只有少部分有四个有效数字（我计算了它们的比例）。我猜想，如果由专家组装飞机引擎，误差肯定会大大降低。但对负责主体结构的普通工程师来说，千分之一的精确度就已足够了。

因此对本书而言，三到四个有效数字就足够了。作为数字公民，我们的目标是去理解数字的含义，判断它们是否符合预期，所以三到四个有效数字就够了。所以，1 000 为大数字的起点，就这么决定了。

看似整齐的比例：

加拿大横加高速的长度（7 820公里）约为

2×美国66号公路（3 940公里）。

农耕出现距今时间（1.15万年）约为

20×印刷机出现距今时间（576年）。

地球到月球的距离（38.4万公里）约为

1 000×泰晤士河的长度（386公里）。

一头犀牛的重量（2 300 公斤）约为

4×一匹纯种赛马的重量（570 公斤）。

查尔斯·达尔文出生距今时间（208 年）约为

2×艾伦·图灵出生距今时间（105 年）。

世界贸易中心一号大楼的高度（541 米）约为

4×伦敦眼的高度（135 米）。

现代平面媒体新闻和网络新闻喜欢将数据视觉化，这样做合情合理。艺术家或作者获取数据之后会以图表的形式突出其主要特点。通过这种方式，他们与受众的大脑建立联系，纯文本无法做到这一点。我并不想用精美的图片打动你，也不会教你如何制作它们。相反，我希望你思考一下如何在脑海中视觉化数据，以此去理解与你邂逅的大数字。

10 亿有多大

我们生活在三维立体空间，但我们遇到的数字却是扁平的。在前文，我们寻找过 1/1 000 横线上的灰色区域，体验了其中的难度。要理解数字 10 亿，我们的起点在哪里？

好吧，让我们从"小"开始。蚂蚁有大有小，但我希望你想象一只小蚂蚁，它仅 4 毫米长。现在，我们再想象一只比蚂蚁更大的昆虫。甲壳虫如何？我说的是大众经典甲壳虫，它身长 4.08 米。现在请想象一辆甲壳虫旁边排列着 1 000 只首尾相接的小蚂蚁。我相信你肯定能做到。

接下来干什么？我们需要视觉化 1 000 辆甲壳虫的大小。美国的纽约中央公园是个不错的选择，它长 4.06 公里，尺寸刚刚好。请在脑海中想象它。中央公园正好横跨 50 个街区。纽约的街区为了图方便都用阿拉伯数字编号。中央公园正好从第60街区一直延伸到第110街区。也就是说，每个街区约80米（包括街道本身）。现在请想象20辆甲壳虫首尾相接，那么总长约等于一个街区。若是1 000辆，那么总长约等于50个街区或中央公园的长。

现在，我们需要寻找长度为中央公园1 000倍的事物。你可能还没听说过，澳大利亚东西向的"宽度"（最宽处）为4 033公里。那么澳大利亚（东西向）的宽度相当于1 000个中央公园，或者100万辆甲壳虫，又或者10亿只蚂蚁。

我希望你能在脑海中勾勒出这幅画面：一长列蚂蚁旁边停着一辆大众甲壳虫。中央公园西边公路上1 000辆甲壳虫首尾相接，造成交通拥堵。澳大利亚（东西向）有1 000个中央公园，每个中央公园旁边停着一长列甲壳虫，每辆甲壳虫旁边排着一长列蚂蚁。

现在让我们仔细思考一下。当"10亿"只是一个扁平的数字时，我们很难理解它。但是我们采用了一些小技巧，我们分解了这个数字以更好观察它。

要认识10亿有多大，我们只需要将其"拉长"。在视觉化该数字的过程中，我们借助了几个级别的参照物，上一级与下一级的比例均为1 000∶1。请注意，在这里我们即兴创造了四把新的标尺、四种新的度量单位、四个新的基准数字。蚂蚁身长等于4毫米，甲壳虫身长等于4米，中央公园长度等于4公里，澳大利亚东西向宽等于4 000公里（也许你还记得赤道的周长为4万公里，等于10个澳大利亚）。

现在让我们换个思路。10枚便士有多长？一枚英国便士的直径为20.03毫米。因此，1 000枚便士长20.03米（板球场的长度），100万枚便士长20.003万公里，10亿枚便士就是2.003万公里，约为赤道周长的一半，或5个澳大利亚（东西向）。

现在我们需要找一块停机坪，将这10亿枚硬币呈平面几何形状摆放。它们的面积将多大？如果把它们排列成4万行，每行2.5

万枚,[①] 那么面积将达 801.2 米乘以 500.75 米,远未到 1 平方千米。如果我们能够将硬币摆放成二维形状,那肯定也可以将其摆放成三维形状。现在让我们堆叠这些硬币,共 1 000 行,每行 1 000 叠,每叠 1 000 枚。1 便士的厚度只有 1.5 毫米,所以每叠仅 1.5 米高。也就是说,一个底部面积为 20.03 米乘以 20.03 米、高 1.5 米的空间(还没书柜高)就可以装下 10 亿枚便士。

请注意,以上两种视觉化方案有两个不同之处。在硬币案例中,我们仅仅使用了一种标尺——1 便士硬币。此外,我们借助了三维空间概念,将硬币堆叠成了立体几何形状。

分解平方

最近我看了一集播客,[②] 它的主角是美国国会大厦东门廊的石柱。主持人顺口提到了"100 平方米"这个面积概念。我不假思索地将其转换为"10 米的平方"。虽然我不能立刻视觉化 100 平方米,但 10 米还是可以的,给 10 米加个边也不是什么难事。

因此,我们又多了一种视觉化工具——将数字折叠成二维或三维。既然播客主持人谈论的是面积,我自然选择了折叠法。但此操作同样适用于计数。比如 600 名士兵组成的部队,600 算大吗?想象一下这些士兵正在阅兵现场,他们分成了 20(4×5)个方阵,每个方阵 30 名(3×10)。

圣保罗教堂可以装下多少个网球

我曾偶然看到一份关于伦敦圣保罗大教堂的声学特征报告,其

---

① 也许这不是最好的方案。蜂巢之类的六边形能节省更多空间,但不好计算,还是算了吧。

② 播客名为《看不见的 99%》(99% Invisible),它以新奇的角度探讨了各种设计和建筑中容易被忽视的细节。

中有这样一句话：大教堂内部容积为 15.2 万立方米。这个数字合理吗？让我们再次利用视觉化技巧和立体几何知识去做一个粗略的交叉比较。

我通过谷歌快速查找了一些图片和度量单位。我发现，圣保罗大教堂的主体是一个长方体，宽约 50 米，长约 150 米，高约 30 米。著名的耳语廊位于建筑内部，高 30 米；石回廊则位于建筑外部穹顶处，高 53 米。基于此，我认为完全可以在脑海中将教堂主体简化成一个长方体（如果将所有内部石材都推到边缘），宽 40 米乘以高 25 米乘以长 140 米，总体积为 14 万立方米。

摄影：马克·费什/授权：非营利组织"知识共享"

圣保罗大教堂为双层穹顶，内层穹顶正好位于外层穹顶下方（穹顶之间有一层石砖砌成的锥体，以稳固结构）。内层穹顶直径约 30 米，位于圆鼓状石材之上，两者高度相加约 30 米，体积相加约 1.8 万立方米，那么教堂的总体积就有 15.8 万立方米了。这样看来，声学工程师的报告（15.2 万立方米）还是可信的。

现在我们请网球入场。如果你将一堆网球倒入容器中，它们不可能完全填满空间。即便你精心摆放，它们最多填满 74%。如果你任由网球自己发挥，它们最多填满 65% 左右。直径 6.8 厘米的网球体积为 165 立方厘米。在无人为干预的情况下，每个网球将占用 250 立方厘米，大约相当于一杯水。这意味着，一个容量为 1 立方米的盒子能容纳约 4 000 个网球（这里暂时抛开"边缘效应"，假设盒子每个部位的容积一样）。既然圣保罗教堂的容积为盒子的 15.2 万倍，那么它能装下 6.08 亿个网球。

如果我们用撞球代替网球呢？撞球直径为 5.715 厘米，其体积接近网球的 60%。你应该可以猜到接下来我会做什么。1 立方米可以容纳 6 700 个撞球，6 700 乘以 152 000 等于 1 018 400 000，这便是圣保罗大教堂可以装下的撞球数。原来，通过这种方式也可以将 10 亿视觉化啊。

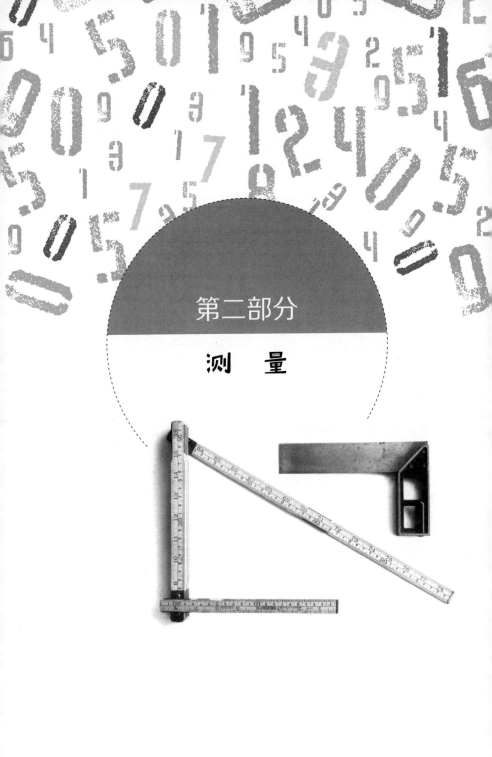

第二部分

测　量

不管尺寸是大是小，让我们诚实以待。

——约翰·布莱特

什么叫测量

英语中，"测量"（measure）一词的词源非常有趣：

测量（词性：动词）。

源自旧时法语 mesurer，"测量；适中，约束"（12 世纪）；

源自后期拉丁语 mensurare，"测量"；

源自拉丁语 mensura，"测量，度量单位，测量标准"；

源自 mensus，metiri，"测量"的过去分词；

源自原始印欧语前缀 me-，构成 measure，"测量"。

换句话说，无论你追溯到什么时候，"测量"仅仅表示"测量"。这一概念就是这么根深蒂固。

莎士比亚剧作《一报还一报》的标题表明，处罚和罪行需相当才行，即罪需当罚。餐厅提供食物或饮料时，会测量分量。自控能力强的人说话谨慎，会"测量"自己的语言。当我们采取措施解决问题时，我们会"测量"整个局势以控制它。这些行为存在一个共同点：使用标准基准量去实现统一、平衡、控制或平等。

测量事物的时候可能会涉及计数，频率还挺高，但测量和计数是两码事。测量必然涉及某个单位，某个基准量。水手们喝朗姆酒、①《雾都孤儿》主角奥利弗·崔斯特喝燕麦粥的时候，他们会使用不同的度量单位。度量单位必须标准化，否则它们一文不值。

计数是最简单的测量方式，人们只需要计算多少个标准单位才能覆盖所测数量。因此，要判断度量单位是大是小，我们不仅需要了解一共有多少个标准单位，还需要了解所采用的标准单位。100公里是大是小不好说（取决于具体情况），但100光年肯定大得多。

计数时，我们在和整数打交道。测量时，我们要和分数打交道。测量实际上是将数字（本质上就是计数，虽然最终计算的是分数）分配给一把带连续刻度的标尺。古埃及修建金字塔时，土地测量员会用绳子测量地基。这一行为的本质是将长度标尺转换为数个长度单位。如果他够幸运，那么所测长度刚好可以被所选单位整除，但这种情况不多。他需要做好心理准备，大多数情况下所测长度并不能被所选单位整除，会出现余数。测量员发现原来自己不可能只与整数打交道。

接下来，他需要思考如何处理余数。他可以采用不同的、更小的单位去表达余数，这是第一种方法。此外，他可以借助分数，如1/2、2/5、1/8等。②

之后，另一位测量员重新测量了金字塔。此人可能是拿破仑埃及学家团队的成员。也许他采用了一套相对较新的单位系统——公制。随着法国大革命的爆发，改革派人士废除了非十进制倍数和亚单位，引入了公制（现为国际单位制，International System of Units，缩写为SI）。于是，我们的法国测量员采用米的整数和分数记录测量结果（公制从不允许混合使用单位和亚单位）。如此一来，带分数单位正式进入测量系统。

---

① 英国海军口中的小杯朗姆酒等于1/8品脱（英制），约70毫升。

② 事实上，古埃及人不太可能使用2/5。他们更喜欢使用分子为1的分数（1/分母），然后将其相加。那么，2/5会表达为1/3+1/15。

　　作为计数形式之一，测量其实比计数更有趣。测量等于带度量单位的计数，同时很多时候测量结果并不是整数。接下来，我们要谈谈如何测量距离，它是最重要的测量对象。你将遇到很多基准数字，也将遇到很多视觉化机会。此外，我们将介绍一套人类天生自带的测量工具——我们的身体。

测量人类生活空间

测量一切可测之物，并把不可测的变为可测。

——伽利略·伽利雷

下列哪个事物最长？

□ 一辆伦敦巴士

□ 霸王龙估计身长

□ 袋鼠可以跳跃的距离

□ 电影《星球大战》中 T-65 X 翼星际战斗机

长、宽、高

——赤道周长 4 万千米。这是个大数字吗？

——帝国大厦高 381 米。这是个大数字吗？

——赞比西河长 2 574 千米。这是个大数字吗？

在我们将一切数字化之前，几乎所有的测量仪器，如尺子、时钟、电压表、温度计、天平，甚至量角器都只能算模拟设备。它们将测量结果转换为线性等价。也就是说，通过判断刻度尺或刻度盘上的时针、指针或水银柱的位置，我们便能测量事物。所有的测量结果都将转换为线性距离。因此，我们应该从最基本、最重要的测量对象谈起——距离。

人体度量单位

所有度量单位中，存在最自然的莫过于人类的身体部位。因此，最早那批度量单位都和人体部位有关，比如手，这种现象很好理解。

对于较短的距离，希腊人用"手指"（daktyloi①）和"脚"（podes）去测量。1 脚等于 12 手指，约等于今天的英尺。罗马人把这两个希腊单位带到了英国。逐渐，手指在罗马变成了"安息亚"（uncia），在英格兰变成了"英寸"（inch）。但欧洲其他地方都知道它们其实指手指，更确切地说指拇指。②

直到现在，人们都在用手测量马匹身长。诺亚方舟规格里的肘等于前臂加手的长度，有时约等于 1.5 脚。③ 我还记得我父亲有次点了"2 手指"威士忌。

度量单位"英寻"（fathom）用于测量水深，它同样和人体部位有关。英寻源自原始日耳曼语中表示拥抱的单词 fathmaz，即"伸出的双臂"，长约 6 英尺。法国旧时度量单位"突阿斯"（toise）也这么长，它最早可追溯到拉丁语中表示"伸出"的单词，并且在词源上与"帐篷"（tent）和"紧张"（tension）有关。

如果我们想让这些民间度量单位形成一个固定体系，我们就需要将它们标准化。即便这些度量单位源自人体部位，它们也需要一套更加正式的名称，通常采用物理量尺的形式。不过它们的民间称呼依然在流传，讲述着它们的起源。人类语言中仍保留着许多和身体部位相关的度量表达，如"大拇指法则"（"经验法

———————

① 该词在词源上与翼手龙有关。这是一种会飞的恐龙，手指即翅膀。

② "英寸"源自拉丁文 uncia（"盎司"也源自它），意为 1/12。但在其他许多欧洲语言中，"英寸"的意思是"拇指"：法语 pouce 为英寸/拇指，荷兰语 duim 为英寸/拇指，瑞典语 tum 为英寸、tumme 为拇指，捷克语 palec 为英寸/拇指。

③ 长度单位"埃尔"（ell）最初与肘相同。但在某个时期，它的长度增加了一倍以上。于是，英语开始使用埃尔测量布料长度。在英格兰，1 埃尔等于 45 英寸；在苏格兰，1 埃尔等于 37 英寸。

则"）或者"细如发丝"。

当拇指不够长时，我们求助于"码尺"（yardstick）。"码"（yard）的起源尚不清楚（一些人认为它与腰围有关。这一说法不太靠谱，我们腰围的差别比手指和脚的差别大多了）。[1] 码在英制及其他度量体系中都处于中心地位，大多数体系中都有与码相当的度量单位。"码尺"曾经是具象的，现在可以引申为衡量标准或准绳。[2]

路程

罗马人行军时用走的步数来测量距离。125步（指双步）为1"斯塔德"（stadion）——没错，与英语单词stadium（体育场）拼写相近。[3] 8斯塔德或1 000双步等于1"米乐"（mille，复数为milia），这就是英国的"英里"（mile）。罗马人的双步（又称罗马步）

---

① "码"很可能源自1/2英寻，即身体中轴到伸出手臂末端的距离。

② 我想起了"基准"（benchmark）一词，虽为抽象概念，但使用广泛。它的起源再朴实不过：工作台上的标记。

③ 斯塔德（stadium）源于希腊运动会的赛跑项目"场地跑"（stadion），而赛跑场地也叫stadion。最早的奥林匹亚场馆长约190米。

长 5 英尺，因此罗马的 1 英里等于 5 000 英尺。我们用它除以 3，约为 1 667 码。现代的 1 英里等于 1 760 码。[①]

在罗马，1.5 英里称为 1 里格（leuga 或 league）。但在中世纪某个时期，1 里格的长度加倍了。因此，民间认为 1 里格即人步行 1 小时的距离，一般为 3 英里。那么，如果我们穿着 7 里格长的靴子，每走一步便是 21 英里。

度量单位"浪"（"犁沟的长度"）指一牛轭片刻不休犁地的长度，大致等于罗马的斯塔德。如今，浪的使用仅限于大多数英语国家的赛马比赛，但一些美国城市仍在使用以浪测量为基础的栅格系统。[②] 1 浪等于 220 码，略长于 201 米。

1620 年，爱德华·甘特开始在测量中使用链条，它长约 1/10 浪或 22 码。由此，"链"（chain）几乎成了地勘专属度量单位。长 1 浪、宽 1 链的长方形土地面积为 1 英亩。1 浪的平方也就等于 10 英亩。

古埃及人灵活利用手去测量物体，包括手指、手掌（4 根手指）、手（5 根手指）和拳头（6 根手指）。遇到更长的物体，他们就使用肘、柱和杆。古埃及有一个较大的长度单位——"伊特鲁"（iteru），意思是"河流"。1 伊特鲁长 2 万肘（约 10.5 千米）。考古学家曾发现一个肘杆，上面刻着手掌、手和手指。如果需要测量更长的物体，古埃及人就使用绳子，它按长度单位打了结。[③]

中国传统度量单位"尺"（脚的长度）约 32 厘米。5 尺构成 1 步，约等于西方的 6 英尺或 1 罗马步。到了现代，为了和公制相匹配，尺的精确长度变为 1/3 米。尺（旧时和现代）可以分为 10 个亚单位，称为"寸"。它传统上指从关节处测量的拇指

---

① 1 罗马斯塔德等于 625 罗马英尺（pedes），而 1 希腊斯塔德等于 600 希腊英尺（podes）。"pedes"和"podes"原意都指脚。

② 美国芝加哥和盐湖城测量街区时便以浪为单位。

③ 一条被均分为 12 段的绳子还可以组成三角形，长度分别为 3 段、4 段、5 段。感谢古希腊数学家毕达哥拉斯。

宽度。

古代中国会使用布匹的长度作为标准度量单位，1 匹布为 12 米。同时，这种平纹"虎斑猫"① 丝绸在当时还是一种流通度挺高的货币，这点挺有意思。

2008 年，芭芭拉·威尔逊和玛丽亚·乔尔格破解了阿兹特克人使用的一套度量单位，它被用于土地勘测和面积计算。其中，Tlalcuahuitl（简称 T）为最小单位，长度在 2.3~2.5 米。它构成了一套奇怪的长度单位系统：

- 弓箭：1/2 T＝1.25 米
- 手臂：1/3 T＝0.83 米
- 骨头：1/5 T＝0.5 米
- 手：3/5 T＝1.5 米

人体部位再次闪亮登场发挥自己的测量天赋。

米

人体单位在其诞生的有限时空中发挥着较好的测量功能，但它们并不能满足启蒙运动中自然哲学家的要求。他们需要一个全球通用的度量系统，它能够架构、测量、协调一个更大的世界，一个以探索和实验为主的世界。

法国大革命为人们提供了许多机会去颠覆传统，尤其是度量单位系统。因此，以米为代表的公制应运而生。

米不再以人体部位为基础，它开始放眼全球。首先，米被定义为连接南北极和赤道的经度线的千万分之一。当然了，这条备受青睐的经度线必须经过巴黎。它的尺寸非常接近码，着实让人欣慰。因此，尽管米的定义以整个地球为基础，但是它代表的长度仍在人体规模内。

---

① "虎斑猫"指丝绸上面编织的波纹或叠纹，类似于虎斑猫身上的花纹。

基准数字

连接南北极和赤道的经度线长 1 万千米，或者 1 000 万米。

以上定义渐渐开始站不住脚了。1889—1960 年，人们开始尝试从物理学范畴定义米。1960 年起，米的定义变成了：真空中氪-86 原子电磁光谱中橙红色发射线波长的165.076373 万倍。

作为一套国际度量标准，公制使用广泛（它基于 10 的乘除，而不是 12、14、16 或其他奇怪数字，这一点也成就了它的地位）。尽管公制系统迄今仍未征服世界每个角落，[1] 但它是唯一一套真正意义上的国际度量标准。[2]

测量周围的事物

人类所有经验领域都涉及测量和计算，体育尤甚。数字统治、管理着体育世界。赛场和球场的尺寸需要计算，分数需要计算，世界纪录需要计算，所有这些都要求我们具备基本的计算能力。

体育：高度

篮球运动员有多高？2016 年奥运会美国男篮中，除两名队员

---

① 世界上有三个国家拒绝采用公制，即美国、缅甸和利比里亚。在英国，公制的使用模棱两可。英国人不愿意彻底向公制妥协，所以他们偶尔还是会使用英制，例如路标上的英里数、啤酒和牛奶包装上的品脱数。

② 出于这点，本书剩余部分将在合理的情况下默认使用公制。但无论公制多么合理，旧时那些奇奇怪怪的单位仍然具有无法抗拒的魅力，我也会不时地向它们表达尊重之情。

外，其他队员身高都略高于 2 米，篮筐本身有 3 米高。英式橄榄球①球门柱的横梁高 3 米，美式橄榄球球门柱的横梁也高 3 米，与篮筐等高。而足球球门横梁仅高 2.44 米，略低于 1993 年创下的世界跳高纪录（2.45 米）。因此，顶级跳高运动员刚好可以跳过一个足球球门——但也只是刚好！

> **基准数字**
>
> 篮筐；
>
> 美式橄榄球球门柱横梁；
>
> 英式橄榄球球门柱横梁；
>
> 它们的高度都是 3 米，超过高个子身高的一半。

世界撑竿跳纪录为 6.16 米，是跳高纪录的 2.5 倍，略高于篮筐高度的两倍。有趣的是，女子撑竿跳纪录（5.06 米）也是女子跳高纪录（2.09 米）的 2.5 倍，两者都约占男子纪录的 5/6。

冰上曲棍球的球门只有 1.2 米高，而奥运会跨栏刚好超过 1 米，确切数字为 1.067 米。在奥运会跳水比赛中，运动员要么选择 3 米板、要么选择 10 米板，整数就是好记。

> **基准数字**
>
> 奥运会跳水比赛中最高跳板为 10 米，约 3 层楼高。

女子体操项目高低杠中，两杠高度分别为 2.5 米和 1.7 米，而男子单杠的杠高为 2.75 米。

---

① 英语中，英式橄榄球为"rugby football"，美式橄榄球为"American football"，足球为"football"。当出现"football"时，读者往往分不清究竟指什么运动。维基百科给了一个非常省事的定义：在该词出现的具体语境中，人们最喜爱哪种形式的运动便是哪种。

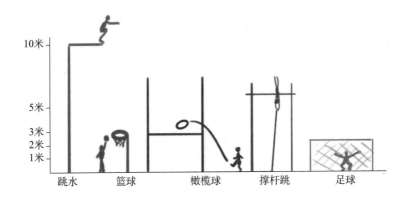

体育：距离

从"小"开始：乒乓球台长 2.74 米（9 英尺）。台球桌有两种标准长度：大号长 2.74 米，等于 9 英尺，同乒乓球台；小号长 2.44 米，等于 8 英尺。

十瓶保龄球球道从犯规线到最前端球瓶的距离为 18.29 米（宽 1.05 米）。

网球场长 23.77 米（78 英尺），球网高 0.914 米（3 英尺）。在以前，人们喜欢用两支网球拍充当临时测量工具，一支负责测长度，另一支负责测宽度。

篮球场长 28 米，是大号台球桌的 10 倍多，宽 15 米。

板球场一组球柱到另一组球柱的间距为 20.12 米（如采用英制，为 22 码，等于 1 链或 1/10 浪）。如果算上球柱旁边的延伸带，那么全长变为 22.56 米。板球场的大小则看场地（或者草坪）碰巧什么形状和尺寸了。

和板球场一样，棒球场的场地面积也不确定。场地两侧长 27.43 米（换算成英制为 30 码，这个整数更简单、更好记）。它非常接近篮球场的长度，同时大致等于 10 个大号台球桌首尾相连。

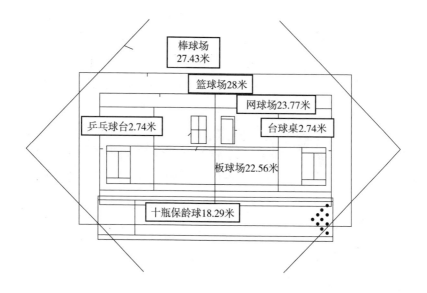

足球场有多大

对于足球而言，场地规定相当灵活。长度在 90~120 米、宽度在 45~90 米都行。① 但实际上，大多数英超联赛的球场为 105 米乘以 70 米。美式橄榄球场的面积必须为 110 米乘以 48.76 米，长和宽都超过了足球场，且长宽比大于 2∶1。美式橄榄球场的长度恰好接近棒球场四个垒位之间的距离总和，这点让人不禁好奇。

橄榄球场每组球门柱之间都有 100 米，但两端球门柱之外还有端区，又称"达阵区"。英式橄榄球有两大联盟："橄榄球联盟"（Rugby League）和"橄榄球协会"（Rugby Union）。前者的球场宽 68 米，而后者的球场宽度必须大于 70 米。

盖尔式足球的场地更大，长 130~145 米，宽 80~90 米。澳大利亚的足球场是椭圆形的，没有大小限制，但通常长约 160 米，宽约 120 米，因此比大多数球场都大得多。

---

① 也就是说，边长 90 米的正方形球场也符合规定。

基准数字

球场的长度：

足球场长 105 米；

美式橄榄球场长 110 米；

橄榄球场长 100 米+端区；

盖尔式足球场长 130~145 米；

澳大利亚足球场长通常约 160 米。

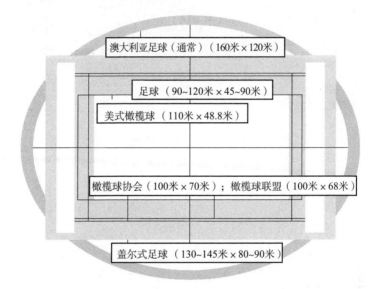

因此，学校运动场的长度通常大于 100 米。这样学生们不仅可以踢足球，还可以进行各种长度的赛跑。

古希腊长度单位斯塔德正是源自赛跑距离。它以举办地命名（英语单词中的体育场也源自它）。1 斯塔德为 170~200 米（即 600 英尺，但不同地区的英尺长度有差异），通常是竞技短跑中距离最短的。现在短跑比赛的距离最小为 100 米，随后是 200 米（接近浪，这并非巧合）、400 米和 800 米，长度以倍数递增。

接下来是 1 500 米，其实 1 600 米更接近 1 英里跑[①]（1 609.3 米）。长跑比赛通常分 3 000 米、5 000 米和 1 万米。最后，让我们来聊聊马拉松。这项运动是为了纪念马拉松战役中的伟大信使菲迪皮茨[②]。现在马拉松比赛的标准距离为 42.2 千米，约 400 个足球场。2016 年里约奥运会上，男子比赛的冠军用时不到 2 小时 9 分，女子比赛的冠军用时 2 小时 24 分。

菲迪皮茨的故事也许是虚构的。但根据希腊历史学家希罗多德斯的记载，马拉松战役之前的确有信使前往斯巴达寻求援助。事实上，雅典距斯巴达 250 千米，据说菲迪皮茨花了两天时间。1982 年，四位英国皇家空军士兵决定再现菲迪皮茨之跑，他们用了 36 小时。从那以后，这项赛事每年都会举办，它被称为"斯巴松"，最快纪录为 20 小时 25 分。

你能将它扔多远

希腊人打仗时可以将长矛扔多远？目前历史记录中没有可靠证据。但 1984 年，乌韦·霍恩将标枪掷出了 104.8 米（几乎刚好等于一个足球场的长度）。从那之后，标枪的规格发生了变化，所以这一纪录恐怕还会保持一段时间。2016 年奥运会男子标枪比赛上，托马斯·罗勒以 90.3 米的投掷距离摘冠。

此外，铁饼投掷纪录为 74.08 米，7.26 公斤铅球为 23.12 米，弓箭射箭的最长飞行距离为"近 500 米"。

---

① 不管是过去还是现在，1 英里跑（用时 4 分钟）都是一个极佳的基准数字。尽管摩洛哥运动员希查姆·艾尔·奎罗伊以 3 分 43 秒 13（时间缩短超过 15 秒）打破了它，我们仍然可以偷偷懒将 1 英里视为顶级田径运动员在 4 分钟内可以完成的距离。你我这样的普通人得花 20 分钟才能走完。

② 或者菲利皮季斯，你自己挑吧。

> **基准数字**
>
> 标枪：略低于 100 米。
>
> 铁饼：标枪纪录的 3/4。
>
> 铅球：标枪纪录的 1/4。
>
> 弓箭：略低于 500 米，接近标枪纪录的 5 倍。

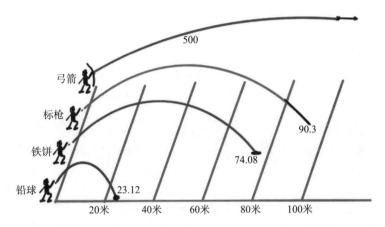

美式橄榄球可以扔 80 米，板球为 125 米，棒球则为 135 米。高尔夫运动史上，最长击球距离为 471 米。

体育：装备

棒球棍和板球拍的长度规格相近，前者最短为 1.067 米，后者最长为 0.965 米，它们都可以充当临时测量工具。

乒乓球直径为 40 毫米，高尔夫为 43.7 毫米，撞球为 57.2 毫米，网球为 67 毫米，棒球为 73.7 毫米，篮球直径最长为 241.6 毫米，篮筐直径为 457 毫米，略小于篮球直径的两倍。

长 VS 高

地球平均半径（地心到地表的距离）为 6 370 千米，珠穆朗玛峰海拔 8.8 千米，马里亚纳海沟深 11 千米。地球最高峰和最低谷之间的垂直差距小于 20 千米，约为地球半径的1/320。如果将地球想象成半径 20 毫米的乒乓球，这一比例的垂直差距几乎看不出来。

当我们环游世界时，我们能征服数万千米的水平距离。但当我们站在地球表面时，所能征服的最大垂直距离却不到 20 千米。因此，虽然高度和长度都属于线性距离，但两者不可相提并论。地心引力让我们的地球平平坦坦，其垂直高度差比水平距离差小得多。[①]

建筑和其他结构

撑竿跳运动员的最高纪录刚刚超过 6 米，略低于两层建筑物。跳水运动员的最大跳水高度略高于三层建筑物。当人类想炫耀自己的财富和地位时，我们就修塔，修直耸云霄的塔。

经验法则

摩天大楼的层高约 3.5 米，最高 10 米。我们可以用它去对比下文提到的建筑。

在 12 世纪托斯卡纳的圣吉米尼亚诺，人们热衷于修建塔楼以炫耀自己的地位。这座小镇位于山顶，城墙内几乎无平地，于是塔楼成了首选。有地位的家庭都会修建塔楼，而且都想在高度上打败邻居。高峰时期，这个小镇总共有 72 座塔楼，高度达到 70米，相当于现代 18 层建筑（或者撑竿跳纪录的 11 倍多）。现在这些塔楼只剩 14 座了，但它们依旧构成了这个山顶小镇的天际线。

芝加哥的"家庭保险公司"大楼是第一座被称为摩天大楼[②]的建筑。它建于 1884 年，共 10 层，高 42 米。1890 年，它又增建了两层，高度达 55 米。比起圣吉米尼亚诺的塔楼，它还是矮得多，

---

① 鉴于此，在本书和附属网站上，我们只将垂直距离同垂直距离或无方向距离（比如棒球棍的长度）作对比，水平距离同理。一旦我们摆脱了地心引力，问题自然会消失。空间不存在"向上"。

② 假设你以前从未听到过"摩天"两个字，这是第一次，你能感受到它的"诗意"吗？

但好在它实用性强。

到了 20 世纪，世界上最具标志性的摩天大楼得数帝国大厦。只有纽约的地标自由女神像（地面到火炬顶端①的距离为 93 米）能与之匹敌。帝国大厦共 102 层，高 381 米，② 是家庭保险公司大楼的 7 倍。

> **基准数字**
>
> 帝国大厦共 102 层，高 381 米，自由女神像的高度约是帝国大厦的 1/4。

2001 年，帝国大厦痛失世界最高建筑这一头衔，取代它的是世界贸易中心，高 417 米。现在，在旧世贸中心的位置上耸立着新世贸中心，它为西半球最高建筑。新世贸中心高 541 米，去掉塔尖后的屋顶高度为 407 米，相当于 104 层标准层高的大楼，但新世贸中心的地面楼层数只有 94。

截至 2019 年，世界上最高的摩天大楼为迪拜的哈利法塔。虽然它的建筑高度为 828 米，但最高楼层仅为 585 米，塔尖高度就有 46 层。建筑学家将这种无实用价值的高度称为"虚荣高度"。有时候建筑物的虚荣高度和其整体设计相得益彰，就比如哈利法塔。但有时情况却相反，其存在只是为了满足开发商的虚荣心或打败竞争对手。

> **基准数字**
>
> 哈利法塔高 828 米。

如果抛开虚荣高度，那么伦敦圣保罗大教堂的高度将大打折扣。1710 年至 1962 年的 252 年间，圣保罗大教堂高 111 米，一直

---

① 铜像本身高 46 米，略低于整体高度的一半。

② 指建筑高度，包括塔尖，但不包括天线和旗杆。屋顶高度虽然也是一种度量标准，但使用频率很低，因为许多高层建筑的屋顶线并不明确。

都是伦敦最高建筑。1964 年，它被新竣工的邮政大厦（183 米）取代。今天，伦敦的最高建筑为碎片大厦，共 95 层，高 310 米。但碎片大厦仍不及巴黎地标埃菲尔铁塔，它高 324 米。铁塔原本只是一个临时建筑，因 1889 年的世界博览会而修建。

基准数字

埃菲尔铁塔高 324 米。

2020 年，哈利法塔可能会被沙特阿拉伯的吉达大厦取代，它高 1 008 米，将成为第一座高度超过 1 000 米的建筑。但是，阿塞拜疆正在考虑修建一座高 1 054 米的大厦，约为珠穆朗玛峰海拔的 12%。如果实现的话，吉达大厦也会被取代。

路线与公路

让我们先从摩天大楼下来回到地面，然后做一点点心算：如果 1 里格为一个人在一小时内行走的距离（大约 5 千米/小时），那么他一天能走多远？如果我们一天可以步行 8 小时左右，那么我们一天可以前进 40 千米。

40 千米什么概念？它为：

- 纽约中央公园长度的 10 倍。
- 印第安纳波利斯 500 "车赛"（长度单位，等于 500 英里）的 1/20。
- 澳大利亚东西向宽度的 1/100。
- 非洲南北距离的 1/200。
- 赤道的 1/1 000。

基准数字

沿赤道绕地球步行一圈需要 1 000 天。

如果开车，你能节省多少时间？车速为步行速度的 20 倍左右

（100 千米/小时）。因此，一天开车 8 小时能覆盖 800 千米。

以这个速度驾车沿赤道绕地球一周大约需要 50 天。法国作家儒勒·凡尔纳的小说《八十天环游世界》中，主人公菲利亚·福格花了 80 天，那么他的速度应在 500 千米/天。

> **基准数字**
>
> 驾车沿赤道绕地球一周大约需要 50 天。

如果乘坐客机呢？它的飞行速度大约为 800 千米/小时。如果你一天仅飞行 8 小时，那么需要 6 天。但是，如果你可以完美换乘，则只需要 2.5 天左右。[①] 1980 年，空中加油军机 B-52 在 42 小时 23 分钟内绕地球飞了一圈。[②]

距离地球 400 千米的国际空间站仅需 92 分钟便可完成这趟旅行。莎士比亚《仲夏夜之梦》中的精灵帕克更厉害，他只需要 40 分钟就可以"绕地球旋转一周"，是国际空间站速度的两倍以上。也就是说，他每分钟可以飞行 1 000 千米。也许我们应该创造一个新的单位，就叫"帕克"，代表兆米/分钟。你觉得如何？

> **经验法则**
>
> 城际客机的飞行时间。
>
> 假设两座城市相距几千米，先加 1/5，然后再算上起飞和降落的 30 分钟，最终你的飞行时间将以小时为单位。试试吧！伦敦希思罗机场到纽约肯尼迪国际机场约 5 500 千米，加上 1/5 后为 6 600 千米，再加 30 分钟（或多或少），最后得到 9 小时。

---

① 我查过：乘坐新西兰航空从伦敦飞往奥克兰并经停洛杉矶国际机场共需 26 小时。然后你需要在奥克兰机场停留 2.5 小时，之后乘坐英国航空，经停悉尼和新加坡，这需要 31.5 小时，加起来刚好 60 个钟头。

② 顺便提一下长度单位"光年"背后的逻辑。在以前，人们描述某个小镇的距离时可能会说"要走两天"。现在，人们会说"开车到那个购物中心需要 20 分钟"。这种用时间表达距离的思维方式以"光年"的形式延伸到了科学领域。

穿越大陆

步行或开车绕地球一圈只是一种假想，现实中并没有配套的步道或车道。但实际生活中，我们确实需要远距离旅行。伟大的旅程总有一个浪漫或充满冒险精神的名字，如"西伯利亚快车""贯穿非洲""丝绸之路""东方快车"，或者英格兰的"天涯海角"。

但请允许我从 20 世纪中叶那首著名的歌曲说起——《66 号公路》。歌词唱道，"从芝加哥到洛杉矶两千多英里"。真是这样吗？不幸的是，66 号公路并不是一条连续不断的车道，但它的总长确实超过了 2 000 英里。实际上，它的长度约为 2 450 英里，不到 4 000 千米。路况不错的话，如果我们可以按照每天 800 千米的速度行驶，需要 5 天。但旅游部门建议游客将行程定为两周，这样路况不好时可以开慢点，还可以停下来欣赏沿途风景。

基准数字

66 号公路（曾经）长 4 000 千米。

如果你想更快，那么你可以选择州际公路，I-90 是理想之选。它全长 4 860 千米，连接了东海岸和西海岸、波士顿和西雅图。如果每天驾驶 810 千米再加上遇到好天气，6 天就够了。

基准数字

波士顿到西雅图的距离略低于 5 000 千米，开车需 6 天。

如果你开车由北向南穿越整个不列颠，从康沃尔郡的天涯海角出发一直开到苏格兰东北部凯斯尼斯的天涯海角，那么总驾驶路程只占 I-90 的 1/4~1/3。虽然起点到终点的直线距离只有 970 千米，但总路程为 1 350 千米[①]。有些路段速度快些，有些路段速度

---

① 喜欢分数的朋友们，这个长度等于 I-90 的 5/18。

慢些。16 小时的车程意味着你可以安排两天。

西伯利亚铁路是世界上最长的铁路，它连接了莫斯科和符拉迪沃斯托克，全长 9 290 千米。如果笔直伸展，只略低于赤道的 1/4。理想条件下，该路线上的火车一天可行驶 900 千米左右（因此请计划 11 天的行程）。但是，主管部门已经制定了提速方案以减少延误，这样火车预计每天可行驶 1 500 千米，行程可以降至 7 天。

最老的东方快车起点为巴黎，终点为君士坦丁堡（今伊斯坦布尔），路程约 2 800 千米。现在你依然可以乘坐东方快车，只要你愿意花费近 20 000 美元和 7 天时间，但每年只有一趟。

连接中国和欧洲的丝绸之路又是什么情况？其实，它并不是一条单一的道路，而是一个道路网。但是，我们可以测算中国西安到意大利威尼斯的直线距离约 7 800 千米，实际距离应该超过 10 000 千米。往返一趟大概需要两年时间。目前中国正在修建一条新的丝绸之路，旨在改善其到西亚和欧洲的贸易线路。

我们来谈谈直线距离。澳大利亚东西向最长距离几乎刚好为 4 000 千米（赤道的 1/10）。非洲从北至南的最长距离为 8 000 千米，是澳大利亚（东西向）的两倍。[①] 南美洲自上而下、从北至南为 7 150 千米，而北美洲从北至南为 8 600 千米。

欧亚大陆是地球上最大的陆地。如果你想精确测量它的长度，难度会很大。假设一只乌鸦需要从葡萄牙最西端（欧亚大陆最西端）飞往俄罗斯最东端（欧亚大陆最东端）。如果它想尽量缩短飞行路线，那么最好避开欧亚大陆，择道北极和美国。这一路线延伸出来的圆圈将经过北极附近，向西偏移。欧亚大陆的东西两端都位于西半球，尽管其大部分都位于东半球。

如果乌鸦感觉以上方案不靠谱，依然选择从葡萄牙向东飞，那么它会路过连接亚洲和欧洲的桥梁——伊斯坦布尔。它将在欧洲飞

---

① 著名的"贯穿非洲"之旅路程更短，直线距离为 7 248 千米，因为开罗离非洲最北端还有点距离。从开普敦到开罗的实际路程超过 12 400 千米。

行 3 200 千米，在亚洲飞行 8 000 千米，总共飞行 1.12 万千米。

河流

在我们停止（几何）测量地球之前，让我们简单了解一下河流。世界上最长的河流为亚马孙河，它的长度约等于整数 7 000 米。尼罗河的长度约 6 850 千米，短 2%。世界上第三长的河流位于亚洲，即 6 300 千米的长江。紧随其后的是密西西比州的密苏里河，长 6 275 千米。

基准数字

亚马孙河全长约 7 000 千米。

接下来是叶尼塞河，我从未听过它的名字，因此特地搜索了下。它全长 5 500 千米，始于蒙古，流经北亚，97% 位于俄罗斯境内。

5 500 千米，这是个大数字吗？好吧，这大概为伦敦到纽约的距离，或乌鸦在欧亚大陆上空飞行距离的一半，或木星直径的 1/25。我们暂时还不会讨论太空，但后文讲"天文数字"时，我们还会再次讨论。

乐高世界

乐高版本的帝国大厦有多高？实际上，乐高市场部门推出了不同比例的帝国大厦积木。但在本书中，我们喜欢将事物校准到人类可理解的规模。在乐高世界中，人类就是指那些微型人物或人仔。

确定比例之前，我们需要找到一个标准乐高人仔可以代表多高的真人、什么样的比例才能满足需求。比例本质是一种比率，它将模型与真实事物联系起来。比率乃理解大数字的五种技巧之一。

首先我们要明确一点，人仔身体部位的比例是错的，他们又矮又方，但对此我们还是不要太过苛求。其次需要明确的是，我们需要一个实用的比例，所以最好是整数。

一个人仔高 40 毫米，等于 4 块乐高积木的高度。如果将比例定为 1∶50，我们将看到一个巨人（高 2 米，身子宽得滑稽）。因此，我建议将比例降低 20%，即 1∶40。那么真人有 1.6 米高，换算成英制为 5 英尺 3 英寸。这样 OK 了吗？

一块标准乐高砖高 10 毫米，① 它代表现实世界的 400 毫米。2 米的门将需要 5 块砖。对我来说还行。

那么乐高砖的水平尺寸呢？砖上螺柱到螺柱的距离为 8 毫米。根据我们的比例，它代表 320 毫米，刚刚超过 1 英尺。三个螺柱则接近 1 米。一块 8 毫米的乐高砖可以代表现实中一块 0.64 米宽乘以 1.28 米长乘以 0.4 米高的砖。

让我们回到乐高帝国大厦。它有多高？实物为 381 米，因此乐高版本的高度应为它的 1/40，即 9.53 米，等于 953 层乐高砖。每层楼高度约 9~10 块。

还真有人决定这么做，太好了！"凯文 F"已经着手建立这一比例的模型，他还把制作视频上传到了 YouTube。该项目尚处于初期阶段，进展比较缓慢。但是祝凯文好运！

1 000 千米有多远

1 米	板球拍的最大长度（965 毫米）
	棒球棍的最大长度（1.067 米）
2 米	特大号床的长度（1.98 米）
	信天翁的翼展长度（3.1 米）
5 米	经典福特野马（第一代）的车身长度（4.61 米）
	最长的网状蟒蛇的长度（6.5 米）

---

① 实际上，乐高规格说明上写的是 9.6 毫米，但堆在一起后，每层平均下来为 10 毫米。

10 米	世界跳远纪录（1991 年）（8.95 米）
	伦敦巴士的长度（11.23 米）
20 米	男子奥林匹克三级跳远纪录（18.09 米）
	板球场长度（20.12 米）
50 米	电影《星球大战》中千年猎鹰太空船的长度（34.8 米）
	空中客车 A380 的长度（72.7 米）
100 米	卡蒂萨克号帆船的长度（85.4 米）
	标枪世界纪录（104.8 米）
200 米	塞纳河上新桥的长度（232 米）
	泰坦尼克号的长度（269 米）
500 米	弓箭射箭飞行距离世界纪录（2010 年）（484 米）
	华盛顿特区林肯纪念堂倒影池的长度（618 米）
1 千米	北京天安门广场的长度（880 米）
2 千米	香榭丽舍大街的长度（1.9 千米）
	爱普森德比马赛的长度（2.4 千米）
5 千米	里约热内卢的科帕卡巴纳海滩长度（4 千米）
	牛津剑桥赛艇比赛的长度（6.8 千米）
10 千米	法国罗夫隧道（最长的运河隧道）的长度（7.12 千米）
	印度钦奈的滨海海滩长度（13 千米）
20 千米	曼哈顿岛的长度（21.6 千米）
	英吉利海峡最窄处的宽度（32.3 千米）
50 千米	马拉松比赛的长度（42.2 千米）
	百老汇大街的长度（53 千米）
100 千米	基尔运河的长度（98 千米）
	《星球大战 1》中死亡之星的直径（120 千米）

200 千米	苏伊士运河的长度（193.3 千米） 英国大奖赛一级方程式赛车比赛的长度 （306.3 千米）
500 千米	泰晤士河的长度（386 千米） 伦敦到爱丁堡的距离（535 千米）
1 000 千米	英格兰天涯海角到苏格兰天涯海角的直线距离 （970 千米） 意大利大陆的长度（1 185 千米）
2 000 千米	底格里斯河的长度（1 950 千米） 赞比西河的长度（2 574 千米）
5 000 千米	水星的直径（4 880 千米） 中国黄河的长度（5 460 千米）
1 万千米	2016 年达喀尔拉力赛的长度（9 240 千米） 西伯利亚高速的长度：从圣彼得堡到符拉迪沃 斯托克（1.1 万千米）
2 万千米	空客 A380 的最大航程（1.52 万千米） 赤道长度（4.01 万千米）

100 米有多高

2 米	奥运会女子跳高纪录（2.06 米）
5 米	奥运会女子撑竿跳纪录（5.05 米）
10 米	跳水最高跳板的高度（10 米）
20 米	《星球大战》中全地形装甲运输车（AT-AT） 的高度（22.5 米）
50 米	卡蒂萨克号帆船主桅杆的高度（47 米） 尼亚加拉大瀑布的高度（57 米）
100 米	阿波罗计划土星五号运载火箭的长度（110.6 米） 伦敦圣保罗大教堂的高度（111 米）

200 米	巴塞罗那圣家族大教堂的高度（170 米）
	伦敦碎片大厦的高度（310 米）
500 米	纽约新世界贸易中心的高度（541 米）
1 千米	委内瑞拉天使瀑布的高度（979 米）
2 千米	南非姆波尼格金矿的深度（3.9 千米）
5 千米	乞力马扎罗山的高度（5.89 千米）
10 千米	马里亚纳海沟的深度（10.99 千米）

谁曾想到（人数不到 2%）……

伦敦碎片大厦的高度（310 米）约为

　　50×世界撑竿跳纪录（2014 年，6.16 米）。

男子跳远纪录（8.9 米）约为

　　2.5×标准桌球台的长度（3.57 米）。

伦敦 M25 绕城高速公路（188 千米）约为

　　400×高尔夫击球距离世界纪录（471 米）。

奥运会男子三级跳远纪录（18.09 米）约为

　　10×冰球球门的宽度（1.8 米）。

跳台滑雪最长距离（2015 年，251.5 米）约为

　　5×普通飞鱼的飞行距离（50 米）。

纽约帝国大厦的高度（381 米）约为

　　5 000×标准正方形便笺（76.2 毫米）。

西西里岛的陶尔米纳镇有一座希腊剧院，游客可以在那里欣赏到由海湾和欧洲最高火山埃特纳火山构成的壮丽景色。[①] 剧院的历史可追溯至公元前 3 世纪。尽管被称为"希腊"剧院，但大部分是罗马人的功劳（主要由砖砌成）。这里经常举办音乐会。旅游宣传手册上说，最初该剧院能容纳 5 000 人。这种说法可信吗？让我们进行一下交叉比较，看看是否可以靠自己找到答案。

如上图所示，观众席被分成七个区域。要估算它能坐多少人，我们可以选择走捷径：先估算一个区域的容量，再乘以 7。让我们

---

① 埃特纳火山高 3 350 米，大于珠穆朗玛峰高度的 1/3，但它一部分山体在海平面之下。

仔细看看图片。

首先我们需要数一下共多少排座位（前排座位是石头做的，后排座位是木头做的），结果为 26。但图片显示前排座位下方那些还未修复的区域应该也是座位，推测起来应该有 12 排，那么总座位排数为 38。

每排座位可以坐多少人？前排少些，后排多些，但中间排应该可以坐 15 人。

7 个区域，每个区域 38 排，每排（平均）可坐 15 人，将它们相乘得到 3 990。这个数字可信度挺高，但还是低于 5 000 呀。旅游手册的说法是否过于乐观？

等等！那 7 个区域并没有形成一个完整的半圆。事实上，观众席两端还有两个座位区，于是 7 变成 9,① 最后算出总座位数为 5 130。我们可以得出结论：原来它真可以容纳 5 000 人。

让我们简要回顾一下这种方法：面对一个很大的数字（5 000），我们很难一口吞下它，于是我们将它分成了几块。根据剧院的布局，我们将大数字分成了 7 块（或 9 块）。于是我们的问题变成了每个观众区是否可以容纳 700 多人。计算座位排数使我们将问题进一步简化，简化到用眼睛就可以推算到平均每排可以坐多少人。

5 000 确实是个大数字，但我们将它分割成了 9 个区域、38 排、每排 15 人。它们都不大，我们可以轻松应付。

分割重心

当工人需要在船上堆放 12 层集装箱时，他们必须注意重力的分布。同理，如果消防升降机所承受的重力分布合理，它便能承

---

① 也许在这些"视线受限"的区域，观众只能站着看，但它们仍然构成剧院容量。

载更多。它们背后都体现了分而治之的思维。剧院的容量为 5 000 人，这个数字挺大，而且只有一个重心。将它分割成9×38×15 后，我们便能轻松举起它。

面对世界人口从 1960 年的 30 亿增加到现在的 70 亿时，我们也可以使用这个技巧。我们可以将单位"亿"扛在右肩，将数字 30 和 70 扛在左肩。当我们选择平方千米为单位（拒绝公顷或平方米）去计算一个国家的面积时，我们同样是在分割大数字。只是，我们必须时刻提醒自己"平方千米"是个大单位。

当科学家将光速表示为 1.08×10^9 千米/小时，他们也在分而治之。右肩上扛着有效数字 1.08，左肩上扛着 10 的 9 次方。前者用于近距离比较，后者用于数量级比较。面对大数字，我们将多次使用这一方法。如果我们能分割大数字的重心，我们便能处理更大的数字。

选择单位和倍数

合理分割大数字重心的方法之一便是选择合适的度量单位。不要以平方厘米为单位去测量足球场的面积；不要以公顷为单位去测量国家/地区的面积。国际单位制的主要目标之一便是确保你始终能在带不同前缀的单位中选到合适的。从理论上讲，我们可以从克上升到千克，再到兆克，再到十亿克，它们以千的倍数增长。这套质量单位很不错，只是它未能完全融入我们的日常生活。我们更喜欢用"吨"代替兆克，而且会自动忽略比吨更大的单位。

尽管如此，上一条建议依然成立。你需要明智选择度量单位，缩减有效数字的规模，然后视觉化所选单位。通过这种方式，你可以将大数字分割成三部分：第一部分为 1~1 000 的某个有效数；第二部分为一个倍数（千、百万、十亿等）；第三部分为你能力范围之内的最大度量单位。

这就是所谓的分而治之：寻找方法将大数字分割为多个部分，

依次处理每个部分。如果数字与面积、体积有关，你可以将其分割为长、宽、高，并选择一个最合适的单位。

如果你愿意，还可以发明新的度量单位。讲视觉化的时候，我们发明了蚂蚁、甲壳虫、公园、硬币，它们都算基准数字。

嘀嗒 嘀嗒

如何测量第四维

以下哪个时间段最长？

□ 自开花植物出现至今
□ 自最早灵长类动物出现至今
□ 自恐龙灭绝至今
□ 自猛犸象出现至今

是时候聊聊时间了

怎么这么快就这么晚了？

——加州有一棵刚毛松树，据说有 5 000 年历史。这个数字算大吗？

——太阳系围绕银河系中心旋转一周需 2.4 亿年。这个数字算大吗？

——宇宙诞生于 138 亿年前。这个数字算大吗？

时间齿轮

1901 年，人们在希腊安提凯希拉岛附近海域发现了一艘古希腊时期的船骸，里面全是宝藏。一件看上去很不起眼的物品——有着锈蚀的黄铜和腐烂的木头——被忽视了整整五十年。但事实证明，它是所有宝藏中价值最高的。它就是"安提凯希拉装置"，古代工程学的旷世之作。它由一系列相互连接的铜质齿轮、曲柄和刻度盘组成，齿轮位于一个木盒之中。科学家们认为它的建造时间在公元前 2 世纪，地点为西西里的锡拉丘兹。

该装置的齿轮和铭文表明它用以计算太阳和月亮的位置，也可以计算日期，例如奥运会的年份，① 甚至可以计算月食。这个装置相当了不起，一千多年的漫长时间内都无可与之匹敌的设备出现。由于数学家阿基米德的故乡正是锡拉丘兹，且该装置可以追溯到他去世之后的一个世纪，我们有理由相信它以阿基米德的研究为基础。

安提凯希拉装置通过模拟天体的运动来将时间流逝视觉化。天体的运动不仅能够影响我们如何测量时间，还会影响我们如何安排日常生活。该装置工艺精湛、令人赞叹。同时它还告诉我们，在遥远的 2 000 年前，追踪时间不仅重要，而且复杂。

时间即变化

> 时间即变化；我们通过测量事物的变化程度去测量时间的流逝。

> ——纳丁·戈迪默

相对论告诉我们时间和空间不可分割，时间是时—空这个整体中的一维，但事情没这么简单。实际上，我们无法像测量长、宽、高那样去测量时间。我们无法用标尺去测量它。测量时间的唯一方法是等待它的流逝。一旦时间溜走，它永远不会回头。因此，

---

① 每年，希腊人会在四个备选场地之一举办运动会。所以，那时奥运会的周期为四年，和现在一样。该装置有一个显示盘，上面有四个象限：尼米亚、伊斯米亚、皮西安和奥林匹亚。

我们永远无法重复测量时间。

我们之所以知道时间在流逝，是因为我们能够意识到变化。测量时间就是在测量变化，要么是有循环周期的变化，要么是有固定速率的变化。钟表的工作机制就是周期性的（钟摆左右摆动，时间一秒一秒地过去）。我们可以通过测量周期（钟表）或者固定速率的变化（通过蜡烛的燃烧情况测量夜晚的时间），得到一个线性数字。

幸运的是，世界总在变化之中，自然界也存在不少规律性变化或周期性重复的事物。每天清晨，太阳将阳光洒向大地；每天傍晚，阳光离开大地。每天有两次潮起潮落。每个月的天数或多或少，月亮有盈有亏。一年分为四季。每一秒，我的心脏都会跳动。

不幸的是，大自然中的循环现象未能建立一套使用方便的时间测量体系。农历每月的天数不一样，更粗糙的阳历也这样。农历每年的月份数也不一样。每一天，潮起潮落的时间并不完全相同，日出的时间也有所变化。

但是从古至今，记录时间的重要性丝毫未减。早期一些科学家和数学家的研究目标就是把握时间。1079 年，伊斯法罕（当时的波斯首都）皇家天文台进行了一次日历改革。伟大的伊斯兰数学家、天文学家、诗人莪默·伽亚谟也加入了改革委员会。于是，贾拉利历法诞生了，这是有史以来极为精确的太阳历法之一。委员会还计算了一年的长度，精确到千万分之一。

一天

记录天体运动轨迹的方法很多也很复杂，但实践证明有一种方法尤其可靠：观察一天中太阳何时升至最高处，即正午时分。一年到头，从一个正午到下一个正午的周期基本维持不变，① 于是"太阳日"成了时间单位体系一个很好的起点。

如何细分一天呢？最早的时候，古人，比如古埃及人，会将白天分成十二等份，夜晚也分成十二等份。那么一年大部分时间里，白天和夜晚的时长不同。② 后来，人们改革了这一方法，开始采用"昼夜平分时"，它基于在春秋分观察到的白天和夜晚的时长。那么为什么要把一天分为十二个时间段呢？③ 因为它可以被 2、3、4、6 整除。后来人们将一天分为 24 小时也是出于相同考虑。

机械钟诞生之前，人们要计时，就需要一种能够反映稳固且缓慢的变化的装置。日晷便是其中的代表，它用于测量太阳在天空中的运行，当然是在太阳可见的时候。④ 其他计时工具包括各种蜡烛钟、水钟、沙漏等。所有这些都属模拟装置，可以将流逝的时间转换为线性距离。

这些计时装置一旦出现误差，人们可根据太阳升至天空最高点的时间调整它们。无论你的手表有多准时，终有一天你还是需要校准它。

到了中世纪，人们开始细分小时，于是出现了 pars minuta prima，字面意思为"第一小部分"。它等于六十分之一（1/60）个小时，也就是后来的分。"第二小部分"变成了后来的秒。

虽然时间单位秒是现代计时系统的基础，但它似乎与日常现象

---

① 实际上，这种说法并不精确。如果你一年中每天都坚持绘制太阳在天空中的位置，你会得到一个细长的"8"，称为"日行迹"。在最坏的情况下，太阳向东或向西偏离正南方（或南半球的正北方）4°，相当于日晷上 15 分钟的误差。

② 日本人也有类似操作。大英博物馆展出了一个 18 世纪的日本时钟。它外部有一个装置，专门用于调整时间，一天需调整两次。因此，它可以测量从日落到日出的六个时段，以及从日出到日落的六个时段，不受具体日期影响。

③ 英语将其称为"shift"或"watches"。watches 和 wake（苏醒）在词源上存在联系。用 watches 表示短时段，应该为词义的自然延伸，但具体延伸路径尚不明确。

④ 日晷之所以表现出色，原因之一便是它们不受季节影响。即使一天中太阳在某个固定时刻的高度差异很大，但它每小时的（水平）方位变化只有几度。

无任何关联。好在它规模不大，类似于基本数词，我们可以掌控。此外，它还接近人的心跳和呼吸。所以最终它成了一个基本时间单位。

如果日晷、水钟等本质上都属于模拟设备，那所有"嘀嗒嘀嗒"的机械钟的本质属性都是数字，不管显示盘长什么样。此话怎讲？机械钟都有一个周期性重复的构件，例如钟摆。这种周期运动与一种（嘀嗒作响的）"棘轮"装置耦合。它能将连续的时间切割成数个单位，从而将时间数字化。也就是说，"棘轮"装置就是一个计数设备。转动的秒针用以显示计数结果，一般为嘀嗒声的数量。当嘀嗒声的数量积累到一定量后，整点的钟声就会敲响。[1] 世界上第一台机械钟出现在725年的中国，它归功于著名学者一行。它由液压驱动，液体为汞而不是水，这样冬天就不会结冰。第一批由重力驱动的钟诞生于1300年。

基准数字

第一台机械钟诞生于725年。

国际单位制中，度量单位的递增大多以10为倍数。虽然时间单位秒也被纳入了国际单位制，但它并不遵循以上规则。这从另一角度体现了公制并未完全征服传统度量，不然怎么没有千秒和兆秒？

法国大革命的改革派也尝试过将时间单位十进制化，但没有成功。1793年，法国颁布了一项法令，规定了十进制小时（1/10天）、十进制分（1/100十进制小时）以及十进制秒（1/100十进制分，等于现在的0.864秒）。虽然十进制时间在法国只存活了6个月，从1794年9月到1795年4月，但还是有人习惯了它。大革命前后，数学家、天文学家拉普拉斯曾在法国工作过一段时间。当他记录天文观测结果时，就喜欢使用十进制时间，比如用分数表

---

[1]　英语中，时钟是clock，它源自拉丁语clocca，指钟声。

达天。

法国大革命的改革派并不是第一批尝试将时间单位十进制化的人。1998 年第一次互联网热潮中，瑞士钟表公司斯沃琪推出了一个手表系列，取名"跳动"（beats）。该系列手表拒绝采用老套的时、分、秒显示时间，而是采用"跳动"。1 跳动等于千分之一天，即 86.4 秒。时间显示采用了非常酷的符号"@"，因此正午为@500。不仅如此，该系列还没有考虑时区（斯沃琪直接选择了其总部所在地的时区，UTC＋1），所以世界各地"跳动"手表上的时间都相同。当时互联网并没有大肆报道这件事，有关它的新闻仅有只言片语。

十进制时间其实仍然存在于我们的生活中。当你在微软电子表格中输入时间时，它就会存储为小数。你可以试试在电子表格某一个单元格（例如 A1 单元格）中输入正午 12 点（12：00），然后在另一个单元格中输入一个计算公式，例如"＝2.5×A1"。那么它将显示"06：00"。因为电子表格用 0.5（中午 12 点）乘以了 2.5，于是得到 1.25。然后它仅显示了小数部分 0.25，代表上午 6 点（1/4 天）。

基准数字

一天有 1 440 分钟、8.64 万秒。

一年（365 天）大约有 50 万分钟（52.56 万分钟）。

一年（365 天）大约有 3.1536 千万秒。

一年中某个时候

时间单位秒的长度比较模糊，实用但模糊。真正和地球相关的两个时间单位，天和年，同样模糊。它们彼此不契合，造成了很大不便。尽管如此，单位天和年的内在优势和逻辑依然令人信服，因此人类一直在努力去调和它们。我们不断调整、修正日历，比如引入了闰日和闰秒。这些努力都是为了使时间系统与固定不变的天、年相匹配，我们必须这么做。我们每天的生活节奏由地球自转决定，每年的生活节奏由地球绕太阳公转决定。

还有一种时间度量方式，它每晚都会出现在天空中，只是重要性略次于太阳——月亮。

月相盈亏周期为 29.53 天，它控制着近一个月的潮汐周期。

基准数字

一朔望月为 29.53 天。

公元前 5 世纪，巴比伦天文学家以恒星群在天空中的位置为参照点，追踪天体的运行轨迹，结果发现了黄道。他们将黄道圈分成 12 等份，每等份 30°，并以在其中发现的恒星群命名它们。希腊人知道后称它为"小动物圈"。现在，我们称它为黄道十二宫。遗憾的是，有些人仍在利用它去占星，这种毫无意义的运算得浪费多少创造力和计算能力。

莎士比亚《裘力斯·恺撒》中的卡修斯曾说，"错不在星星，在我们"。莎翁是对的。还好星星不能主宰我们的生活！但天体确实会对时间的测量产生巨大影响。

不匹配的日月年

日历制定者一直面临着一个问题：地球自转周期（天）、月球公转周期（月）和地球公转周期（年）并不匹配，对这一天文现象人类无能为力。这让世世代代负责制定日历的人头痛。他们需要决定每月应该有多少天，每年应该有多少个月（在不影响四季的前提下）。

罗马人将第一代日历的制定交给了罗马创始人之一，传奇人物罗慕路斯。根据他的方案，三月为第一个月，有名称的月份共十个，总计 304 天。剩下 61 个"冬日"未分配给任何月份。六月之后的月份采用序数命名，现在的七月在当时被称为"第五个月"，十二月被称为"第十个月"。不久之后，罗马第二任国王努玛·蓬皮留斯将 61 个冬日划定为两个新的月份，位于年初。他用罗马诸神门卫的名字"杰纳斯"（Janus）命名一月（January），用斋戒节的名称"费布拉"（Februa）命名二月（February）。努玛历由 12 个月组成：其中 7 个月有 29 天，4 个月有 31 天，二月费布拉只有 28 天。你可以算出总天数只有 355，比实际一年少了整整 10 天。为了解决这个问题，在某些年份的二月之后会再添加一个月，它被称为闰月。最高祭司①有时会将闰月变成一种政治工具，他可以随心所欲延长或缩短政治任期。这种混乱的局面越来越糟糕，很多住在罗马以外的居民有时候根本不知道罗马"真正"的日期。公元前 46 年，精力充沛的尤利乌斯·恺撒成为最高祭司，他开始大刀阔斧地改革日历。

恺撒历（又称儒略历）解决了努玛历中的最大问题：去掉了闰月，增加了闰日，每四年一个闰日。恺撒历开始在欧洲流行，一直到 1582 年。那年，教皇格里高利十三世发明了格里高利历。②

格里高利历成了西方传统日历。西方人还得感谢罗马人，感谢他们让每月的天数不尽相同，感谢他们留下了那首难背到抓狂的口诀（"七月大、八月大、九月小……"），感谢他们定义了闰年。

罗马人还规定了如何在基督教历中计算复活节日期，方法很复杂，因为这涉及农历月和阳历年之间的相互作用。它对基督教历、伊斯兰教历和犹太教历分别产生了不同影响。

伊斯兰教历主要为农历，月份由月球公转周期决定。虽然一年也有十二个月，但农历十二个月比阳历十二个月短。因此，月份跟随四季的周期为 33 年。这意味着斋月（从日出到日落，虔诚的

① 一般由罗马帝国皇帝兼任。（译者注）
② 根据恺撒历，每四年有一个闰年。格里高利历从每 400 年中去掉三个闰年，它们可以整除 100，但不能整除 400。因此 1700 年、1800 年和 1900 年都不能算闰年（2100 年也不算），但 1600 年和 2000 年算。

穆斯林需进行斋戒）既可能发生在冬季（白天更短，斋戒难度较小），也可能发生在夏季（白天更长，斋戒难度较大）。这还意味着伊斯兰教历中的年要比传统西方日历短：格里高利历的 33 年相当于伊斯兰教历的 34 年（408 个月）。

安提凯希拉装置上的一个刻度盘显示了一个天文学周期，我们称它为"默冬章"。很久以前人们就知道了，农历的月份和阳历的年份并不匹配。但公元前 5 世纪，雅典人默冬找到了一种非常有用的方法调和阳历和农历。他发现，19 个阳历年份几乎刚好等于 235 个农历月份。据此，要匹配阳历和农历，人们需要在每 19 个年份中选择 7 个年份增加一个额外的闰月。

犹太教历以巴比伦历为雏形，两者都属农历。但为了匹配月份和四季，犹太教历将逾越节的日期限定在春天（北半球）。它借助了"默冬章"的技巧：在每 19 个年份中选择 7 个年份（3、6、8、11、14、17 和 19），额外增加一个月。基督教历中复活节的计算也基于这个周期，所以每年复活节的具体日期变化挺大。

> **基准数字**
> 默冬章：阳历中 19 个年份等于农历中 235 个月份。

数字化年

历史的编写以年为单位。人类已经记录下了 5 000 年左右的历史，这是个大数字，但也算不上很大。为了记录历史，世界各地使用了统一日期，它们有一个统一的"起点"。

大多数人使用的纪年系统基于拿撒勒人耶稣的出生日期。现在，BC（英语 Before Christ 的缩写，即"耶稣之前"）和 AD（拉丁语 Anno Domini 的缩写，即"主的生年"）已经广泛被 BCE（Before the Common Era，即"公元前"）和 CE（in the Common Era，即"公元"）取代。

罗马人则使用 AUC（Ab Urbe Condita 的缩写，即"自罗马建立"）。史学家认为这一事件发生在我们口中的公元前 753 年。伊斯兰教历始于 622 年，那年穆罕默德离开麦加前往麦地那。犹太教历始于《圣经》中上帝创世那一年，即公元前 3761 年。

中国古代纪年基于当时在位皇帝的即位时间。该体系下最后一年为 1908 年。那年末代皇帝溥仪登基，宣统统治时期开始，只是这位皇帝在位时间很短。1912 年，"中华民国"第一任总统孙中山根据黄帝纪年确定了民国元年。黄帝元年为公元前 2698 年，传说中的黄帝那年即位。

曾经的新闻总是提到古玛雅人，那只有一个原因：玛雅历法中的世界末日预言。根据该预言，2012 年 12 月 21 日，玛雅人的"长历法"将走到尽头，地球将会毁灭。实际没那么严重，这种情况就好比在车子里程数的最低有效位上加 1（例如 12+1 变 13，而车子的最大里程数为 20）。长历法诞生于公元前 3114 年，它将一直工作到公元 4772 年。①

测量史前

当我们将目光投向无历史记录的时间、投向史前和地质时间时，纪年起点的选择不再那么重要。当我们讨论一百万年前发生的事情时，往前几年或往后几年差别不大。历史的记录都以年为单位。由于年并未纳入国际单位制，它的使用不受该系统制约，所以我们有很多方式去表达"……年前"这一概念。尽管国际标准化组织规定 1 岁（annum，符号"a"）等于 1 年，但你仍会看到好几种表达白垩纪晚期的方法：

- 6 600 万年前。

- 66 mya（million years ago 的缩写，字面意思为"百万年前"）。

---

① 这个日期也不应该引起恐慌。除了长历法，玛雅人还有其他四种历法！

- 66 兆年前。
- 6 600 万 BP（Before Present 的缩写，字面意思为"现在之前"）。

当现代科学提到时间时，会选择年作单位，而不是它的倍数千年、百万年、十亿年等。"银河年"的确存在，它指太阳（及其附属系统）绕银河系中心旋转一周所花的时间。1 银河年等于 2.25 亿年，但它并未成为时间单位。

基准数字

1 银河年等于 2.25 亿年。

地球的年龄为 20 银河年。

地质学家在绘制地球历史图时，设计了一套不断递增的时间分类系统，用以描述地球自形成以来的重大变化。其中，最小单位为"时"（因为这些单位的时长并不明确，所以它们算不上真正意义上的时间单位，它们仅仅是一组地质年代分类）：

- "时"小于"世"。
- "世"小于"纪"。
- "纪"小于"代"。
- "代"小于"宙"。
- 第一个"宙"被称为"超级宙"，即前寒武纪。

时间和技术

天文和计时是古代算术和数学发展的主要驱动力。安提凯希拉装置表明技术和计时始终密不可分。一直以来，时钟的主要功能都是计数，计算流逝的时间。当人类开发第一批电子电路时，同步电路成为必需。因此，时间完全数字化了，而时钟变成了一个电子电路。它从某个零点开始计算流逝的秒数。

大多数现代计算机都以"计算机元年"（选定的零点）为计时起

点，用最小时间单位秒去记录时间。现在我们使用的大多数计算机都建立在操作系统 Unix 之上，因此它们的计时系统以"Unix 时间"为基础。也就是说，它们从 1970 年 1 月 1 日开始计算流逝的秒数。

该起点之前的日期和时间以负数表示，但最早只能追溯到 1901 年 12 月 13 日。比秒更短的时长则采用分数表达，如百万分之一秒或十亿分之一秒。

计算机将数字存储在"寄存器"中，它容量有限。Unix 将时间存储在常见的 32 位寄存器中。2038 年 1 月 19 日，它将达到极限。届时，时间将跳回 1901 年 12 月 13 日，出现"回归"现象。

这个问题和 20 世纪后期的"千年虫"问题非常相似。当时，计算机内存和带宽都极为有限，人们想方设法节省存储空间，甚至将年存储为两位数。如果你是 1984 年的程序员，你大概率不会奢望自己的代码可以存活到十几年后。然而到了 1999 年，很多所谓的"遗留操作系统"仍未退休，于是问题来了。当我们从 1999 年迈入 2000 年、从 99 进入 00 时，计时系统就会崩溃。当时人们花费了巨大的代价修补了数千个系统才阻止了一场危机。2038 年，历史将重新上演吗？有可能。

遥远的未来

时间是有起点的。宇宙学认为时间的绝对起点为 138 亿年前的宇宙大爆炸。道格拉斯·郝夫斯台特[1]在他的著作《无所不在的模式识别》（*Metamagical Themas*）中解释了数百万与数十亿之间的差异，以及为什么我们容易低估这种差异：

著名的宇宙学家比格纳姆斯卡教授在谈到宇宙的未来时说，根据她的计算，大约十亿（billion）年后，地球将掉进太阳随后燃烧至毁灭。礼堂后面传来一个颤抖的声音，"对不起，教授，您刚才说多、多

---

[1] 中文名为侯世达。（译者注）

少年?"比格纳姆斯卡教授平静地说,"大约十亿年"。学生松了一口气。"哦! 我听成了百万(million)年。"

实际上,比格纳姆斯卡教授有点悲观。根据最新预测,太阳的寿命还有 50 亿年左右。当地球经历死亡阵痛时,人类将无法继续居住在地球上! 我们必须在那之前找到办法生存下去。

在那之后呢? 时间会结束吗? 时间有终点吗? 答案是:我们不知道。这是未解决的重大问题之一。目前,物理学家正在努力寻找证据,证明宇宙中可见物质和能量比不可见物质和能量多("暗物质""暗能量")。了解这些有助于人类判断宇宙的发展方向、判断宇宙的生命该以什么为单位,十亿、万亿或者更大。

基准数字

我们的太阳可能正处于其生命周期的一半左右。它大概已经存在了 50 亿年,还会继续存在 50 亿年。

一千年前发生了什么

时间的数字阶梯

100 年前	首个固定翼定期航班开始服务 (102 年前)	
200 年前	第一艘铁轮穿越英吉利海峡 (194 年前)	
500 年前	哥白尼出生 (543 年前)	
1 000 年前	大津巴布韦开始修建 (1 000 年前)	
2 000 年前	古罗马圆形竞技场开始修建 (1 944 年前)	
5 000 年前	吉萨/吉普斯/胡夫金字塔建成 (4 580 年前)	
	巨石阵建成 (5 120 年前)	
10 000 年前	农耕出现 (11 500 年前)	
20 000 年前	第一批美洲人出现 (15 000 年前)	
50 000 年前	第一批大洋洲人出现 (46 000 年前)	

100 000 年前	最近一次冰期——"冰河时代"开始（110 000 年前）
200 000 年前	第一批现代人出现（200 000 年前）
500 000 年前	最早的尼安德特人化石（350 000 年前）
100 万年前	最早的生火证据出现（150 万年前）
200 万年前	最早人属出现（260 万年前）
500 万年前	最早的猛犸象化石（480 万年前）
1 000 万年前	血统不同于黑猩猩的人类出现（700 万年前）
2 000 万年前	古近纪地质时期结束（2 300 万年前）
5 000 万年前	最早灵长类动物出现（7 500 万年前）
1 亿年前	开花植物出现（1.25 亿年前）
2 亿年前	盘古大陆分裂成今天的大陆（1.75 亿年前）
5 亿年前	最早的鱼类出现（5.3 亿年前）
	海藻暴发（6.5 亿年前）
10 亿年前	真核生物分为植物、真菌和动物的祖先（15 亿年前）
20 亿年前	多细胞生命出现（21 亿年前）
50 亿年前	太阳系开始形成（46 亿年前）
100 亿年前	宇宙起源（138.2 亿年前）

天啊，真是这个时间吗？

自第一批美洲人出现以来的时间（15 000 年）为
500×一匹马的寿命（30 年）。

自最早文字出现以来的时间（5 200 年）为
25×自达尔文出生以来的时间（208 年）。

英国维多利亚女王在位时间（63 年）约为
2.5×人类的一代（25 年）。

自罗马斗兽场开始建造以来的时间（1 944 年）约为

　10×自第一艘铁轮穿越英吉利海峡以来的时间（194 年）。

自数学家丢番图①出生以来的时间（1 810 年）约为

　4×自莎士比亚出生以来的时间（452 年）。

土星的轨道周期（29.5 年）约为

　2.5×木星的轨道周期（11.86 年）。

自阿基米德出生以来的时间（2 300 年）约为

　4×自印刷机发明以来的时间（576 年）。

自印刷机发明以来的时间（576 年）约为

　5×自首次跨大西洋无线传输以来的时间（115 年）。

---

① 　请打开搜索引擎，输入"丢番图"。

一些最难掌握的数字往往牵涉历史（尤其是古代史）或史前时期。人的生命有限，而时间又如此漫长，难怪我们难以理解它。

当你在时间隧道中穿梭，这一章的数字可以为你导航。当我们越靠近未来，我们便越了解过去，这是一个美好的悖论。人类随时都会有新发现，它们必然会使时间史纲产生变化。虽然个别细节有可能会变化，但我们仍然需要绘制全局。我们会遇到一些基准数字，会用到分而治之，当然也会用到视觉化，这样我们才能驯服历史长河中的大数字。

地质年代的数字

尽管人类取得了许多成就，但我们的历史仅占地球历史的极小部分。古生物学和考古学有许多有趣的发现，但在非专业人士眼里它们高深莫测。下文将提供许多基准数字和图表，它们可以帮助你视觉化地球的时间线，从宇宙大爆炸一直到石器时代：

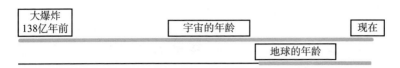

- 138 亿年前宇宙诞生。
- 45.7 亿年前地球诞生。地球的年龄约为宇宙年龄的1/3。

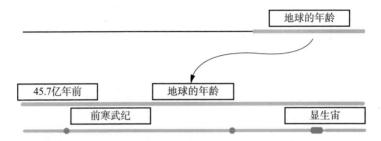

- 地球生命的前 40 亿年（88%）被称为前寒武纪[1]，它一直持续到 5.41 亿年前。它占地球年龄的九分之八（8/9）。前寒武纪相关重要知识点：

  □ 第一个简单单细胞生物（细菌）——40 亿年前

  □ 第一个复杂单细胞生物——18 亿年前

  □ 科学假说中的"雪球地球"[2]，持续时间为 8 500 万年——大约 7 亿年前

  □ 第一个多细胞生物——6.35 亿年前

基准数字

第一个生物——40 亿年前。

第一个多细胞生物——6.35 亿年前。

---

[1] "前寒武纪"以前称为隐生宙。这里的宙实际上是指超级宙，比宙大一级。

[2] "雪球地球"指地球表面完全冰冻的现象。科学家推测它可能促进了多细胞生命的发展。

• 前寒武纪结束后自然就是寒武纪，它标志着显生宙的开始。① 今天我们依然生活在显生宙（意思是"看得见的生命"）②，它已经持续了 5.41 亿年，但却不到地球年龄的 1/8。

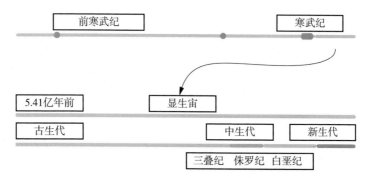

显生宙中第一个代被称为古生代③，它持续了 2.89 亿年，占地球年龄的 6% 以上。古生代的开始标志为生命形式的多样化，也就是所谓的"寒武纪生物大爆发"。此外，地球上许多生命都实现了进化（但恐龙还未出现）。

基准数字

古生代一直持续到 2.52 亿年前，二叠纪—三叠纪大灭绝事件标志着它的结束（第三次生物大灭绝）。96% 的海洋物种以及大量陆地物种都消失了，原因尚不明确。恢复过程花了数百万年。

• 古生代之后是中生代④，它持续了 1.86 亿年，占地球年龄的 4%。中生代分为三个纪，按时间先后顺序依次为：

三叠纪：早期的恐龙、翼手龙、第一批哺乳动物。盘古大陆分

---

① 宙又分为多个代、代又分为多个纪、纪又分为多个世。
② 这些地质名称看似晦涩，但它们的希腊词根能够帮助我们理解它们。显生宙的英文为 Phanerozoic，意为"看得见的生命"。它标志着第一批宏观生物的诞生。
③ 古生代的字面意思为"古老的生命"。
④ 中生代的字面意思为"中等年龄的生命"。

裂为劳亚古陆（北方大陆）和冈瓦纳古陆（南方大陆）。

侏罗纪：所有你最喜欢的恐龙、早期的鸟类。今天我们看到的大陆板块尚未形成。

白垩纪：鱼类、鲨鱼、鳄鱼、恐龙、鸟类普遍存在。今天的大陆板块虽然可以辨认，但比较模糊。

基准数字

中生代是恐龙的时代。6 600 万年前，恐龙灭绝，中生代结束。之后，哺乳动物登场。

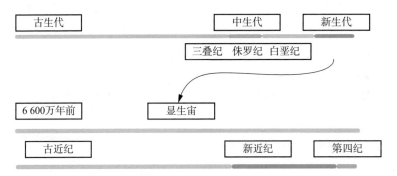

现在我们进入显生宙的第三代，即新生代①，它还未结束。新生代前两个纪被称为古近纪（持续了 4 200 万年）和新近纪（持续了 2 000 万年）。其间，哺乳动物大量繁殖，我们熟悉的动物已经遍布世界。到目前为止，新生代已经持续了 6 600 万年，仅占地球年龄的 1.45%。

基准数字

新生代始于 6 600 万年前，它属于哺乳动物。

- 时间单位代分为多个纪，我们现在生活在第四纪②。它始于

---

① 新生代即"新的生活"。

② 该名称来自旧时一套命名方案，"第四"已经失去了序数意义。

260 万年前，又分为更新世①和全新世。更新世包括冰河时代②，它见证了现代人的诞生。更新世持续了 258 万年，几乎占据整个第四纪。当前我们处于全新世，它只占第四纪极小一部分。

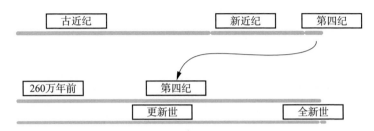

我们现在生活在第四纪中的全新世③。它始于上一次重大冰河期（"冰河时代"）结束之后。在全新世，石器时代结束。到目前为止，全新世已经持续了 1.17 万年。

有人提议再增加一个新的世——人类世（官方尚未表态），以反映现阶段人类对地球造成的影响。一些非官方人士和机构已经开始使用该术语，但它没有明确的起始日期，还缺少一个正式的定义。

史前数字

现代人的进化

请想象一枚太空火箭，比如土星五号。1969 年，它向月球发射了三只聪明的猿猴。土星五号分为几个部分：第一部分虽体积庞大，本质上不过是后面装着燃烧器的巨大油箱，第二部分体积小些，第三部分更小。火箭最顶端是一个小胶囊，三位旅行者会

---

① 更新世即"最新的"。

② 流行术语"冰河时代"指的是最近一次冰期，持续时间从大约 11 万年前至 1.17 万年前。

③ 英语为 holocene，源自希腊语，意为"全新的"。

在里面住上几天。如此庞然大物不过是人类冒险故事的序言。迄今为止，人类的进化史只能算作一篇不朽的序言。序言结尾处，现代人诞生了。

岩石告诉我们，过去十亿年中，复杂的宏观生物如何一步步进化。第一批灵长类动物的出现用了数亿年的时间。灵长类动物进化为黑猩猩、黑猩猩进化为人类用了数百万年。对人类来说，火箭的前三个部分已经完成了它们的使命。我们正朝着火箭的顶端迈进。① 人类的故事终于拉开帷幕。

新近纪始于 2 300 万年前（正好是地球年龄的 1/200）。新近纪最初，猿还没有和猴区分开来（直到约 1 500 万年前）。但后来，约 700 万年前，人类的血统开始不同于黑猩猩。

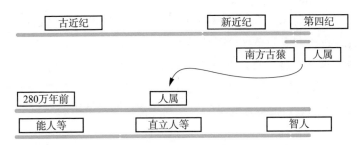

- 大约 400 万年前②，一种我们称为南方古猿的猿属出现在东非，它们用两条腿走路，据说是人类的祖先。

- 我们称为人类的第一批生物（人属）可追溯到 280 万年前。也就是说，地球存在的 99.94% 的时间中是没有人类的。新近纪后期，我们称为能人的人属开始制作石器。人类的出现时间与第四纪的开始时间（260 万年前）相重叠。人类进入了旧石器时代③。

---

① NASA 工程师设计火箭有其目的，但生物进化没有目的。虽然人类的进化史塑造了人类，但这并非刻意为之。

② 约地球年龄的千分之一。

③ 旧石器的字面意思为"古老的石头"。

> **基准数字**
>
> 第一批人类出现的时间、第四纪开始的时间、旧石器时代开始的时间比较接近，约 300 万年前。

- 直立人（直立行走的人）属于总称，包括约 180 万年前第四纪出现的几个物种。最早的生火证据出现在约 150 万年前。

- 早期人类从非洲扩散到欧亚大陆。有证据表明 60 万年前的欧洲生活着人类，他们可能是现代人和尼安德特人的共同祖先。

- 约 20 万年前，第一批现代人（又称智人）出现在东非。① 尽管从解剖学意义上讲，此时的智人与现代人一样，但直到 15 万年之后，智人才具有了现代人的思维。

- 人类似乎从非洲迁移过两次，但目前还没有确凿证据。第一次大约在 12 万年前，第二次大约在 6 万年前。

- 两次迁移之后，大约 5 万年前，智人获得了现代人才有的行为和认知能力，例如抽象思维、规划和艺术。"大飞跃"背后的原因尚不明确，但有可能是因为烹制方法对营养产生的影响。

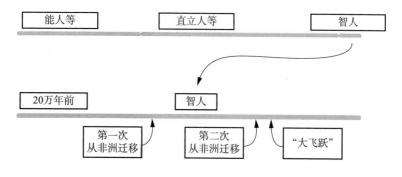

---

① 2017 年 6 月，摩洛哥发现的化石表明最早的智人可以追溯到 30 万年前。人类历史总是在变化！

基准数字

具有现代人思维和身体的智人可追溯到 5 万年前。

大迁移

人类的进化史长达数十亿年。但大约 5 万年前，人类和人类社会的现代化就已达到了一定程度，这为文化的发展提供了土壤。这一时期，人类这个物种的发展和进步超越了以往任何时候。

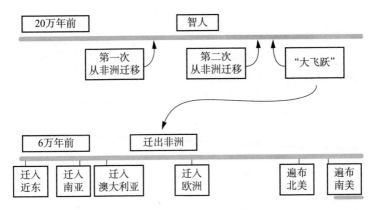

- 大约 150 万年前，早期人类（人属，但不是智人）开始从非洲迁出。他们是欧洲人和亚洲人的祖先。

- 智人最早出现在非洲。12 万年前，他们开始向近东迁移，但没成功。

- 大约 6 万年前，又一次迁徙开始。人类从非洲之角向东前往也门，然后在 5 万年前到达南亚。

- 4.6 万年前，第一批现代人抵达澳大利亚。

- 第一批到达欧洲的智人被称为克罗马农人①，来自今土耳其

①　该名字来自首个标本发现地，它位于法国西南部。

方向。克罗马农人进入了尼安德特人生活的世界。3万年前，他们已经遍布欧洲。

- 现代人向东和向北迁移。3.5万年前，到达西伯利亚和日本。

- 最迟1.6万年前，人类跨越了连接西伯利亚和阿拉斯加的陆桥，抵达北美。

- 1.1万年前，人类从美国向南迁移，来到今天被称为美利坚合众国的地方。

- 6 000年前，人类已到达南美。

- 约5 200年前，文字诞生，历史拉开帷幕。有记载的历史时间约占地球年龄的百万分之一。

基准数字

现代人到达近东：6万年前。

现代人到达南亚：5万年前。

现代人到达澳大利亚：4.6万年前。

现代人到达欧洲：3万年前。

现代人遍布整个北美：1.1万年前。

现代人遍布整个南美：6 000年前。

古代数字

回顾历史时，我们可以选择多种镜头。若选择特写镜头，我们可以深入了解某一特定时期的生活。若选择中景镜头，我们可以分析某些特定事件或事件链，例如布尔战争（1899—1902年）的前因后果。若选择广角镜，我们可以看到人类历史的全景：帝国的兴衰。

这三种镜头各有优点，但本书追求的是全局。在建立数字世界观的过程中，我们需要建立一个框架去容纳新知识或挑战新知识。我们需要基准数字。我们对具体的年月日不太感兴趣（"大约"就够了），我们的目标是历史全景。因此，我们将选择广角镜。如果镜头太广无法捕捉到很多细节，在此我提前向各位读者说声抱歉。

回望过去，何时我们会坠入数字深渊？大数字从哪里开始？我坚持认为，大数字从1 000开始。因此，本节将时间范围锁定在文字出现（大约5 000年前）至1 000年前这一时间段。

当我踏上历史的"地盘"时，我有些胆怯。这不是一本历史书，它只是想借助数字帮助读者了解世界，所以不可避免会涉及一些和历史相关的大数字。为了理解我们是谁、我们如何发展到今天，我们就需要掌握一些历史知识，比如一份历史时间表，更确切地说应该是一套历史时间表。因为人类历史有多条叙事线，它们有时彼此分离、有时相互交缠。

本节重点讨论在世界范围内发挥过重要作用的文化和文明，分为以下时间段：公元前3000年至前2000年、公元前2000年至前1000年、公元前1000年至前500年、公元前500年至1年、1年至500年、500年至1000年。所以，本节只能做到蜻蜓点水。我粗略地将历史简化为一个个图表和知识点。每一个知识点将涉及独特的时空和文化，涉及成千上万的人，涉及数百年的时间，它们本可以写成数卷。但同时，我也会提到一些小型文明和民族，它们未曾建立帝国，也没什么影响力，因此经常被忽略，但我却注意到了它们。

我将使用宽画笔绘上寥寥数笔。我希望通过这种方式呈现一幅印象派画作。它可以展示在长达4 000年的古代史中，事物如何互相联系，伟大的文明何时诞生、何时衰落。

5 000年前或更早（公元前3000年及之前）

什么都没有发生。一般说来，有记载的历史最多追溯到公元前3000年。这并不是说在那之前人类没有生活、没有感情、没有冲突也没有贸易，只是没有文字记录而已。据我们所知，文字出现在公元前3200年左右。尽管我们对公元前3000年前也有一定了解，但这种认识是间接的。它基于人类对考古证据的解释。这些解释有时可信度不高，有时又过于笼统。也就是说，我们只能推论那个时代人类的生活和发展方式，但我们不能直接阅读他们自己的文字。

但是，文字的出现改变了一切。作为一种记录形式，文字似乎已经成为大国器械发展的重要推动力。文字的诞生和第一个帝国出现的时间几乎重叠，这绝非巧合。

> **基准数字**
>
> 最早的文字出现在公元前 3200 年。

5 000 年至 4 000 年前（公元前 3000 年至公元前 2000 年）

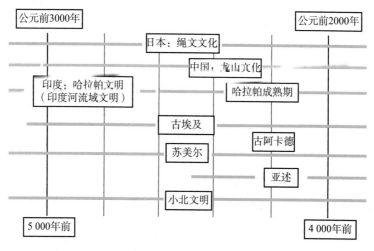

公元前 3000 年，世界人口估计有 4 500 万。虽然我们已经讨论过文字的重要性，但我们并未找到有关第一批伟大文明的文字证据。

● 日本绳文狩猎—采集文化可追溯到公元前 14000 年，它留下许多陶制手工艺品。

- 有证据表明公元前 3000 年到公元前 1900 年左右，中国黄河地区存在一种连续发展、广泛分布的文化，它被称为"龙山文化"。传说中的黄帝统治时期可追溯到公元前 2700 年左右。

- 公元前 3300 年至公元前 1300 年，印度河流域文明蓬勃发展。①

- 最早的文字记载表明，公元前 3000 年直到公元时代开始，或直到罗马人在亚克兴击败了安东尼与克莉奥佩特拉，一种文化在古埃及持续发展。胡夫金字塔修建于公元前 2580 年至公元前 2560 年间。

- 在中东，阿卡德人②和苏美尔人由盛转衰。约公元前 2500 年，亚述王国建立。

- 在南美，小北文明（北奇科文明）在今秘鲁蓬勃发展。它是美洲最古老的文明，一直持续到公元前 1800 年左右。

在欧亚大陆，早期的帝国开始出现，当时正值青铜时代。截至公元前 2000 年，世界上估计有 7 200 万人。

4 000 年至 3 000 年前（公元前 2000 年至公元前 1000 年）

- 在中国，第一个古代王朝夏出现在黄河附近的龙山地区。公元前 1600 年左右，夏被商取代。中国最早的文字记载可追溯到商中期。公元前 1000 年，商又被周取代。

- 在印度，吠陀时期（公元前 1500 年至 500 年）继承了印度河流域文明。它的名字取自当时正在编写的印度教经文《吠陀经》。

- 亚述人和巴比伦人统治着中东（今伊拉克），赫梯人则统治

---

① 印度河流域文明是有宝贵的文字记载的，不幸的是我们目前没有能力解密那些古老的文字。

② 阿卡德人声称自己的国家是历史上第一个帝国，占据了从今叙利亚经伊拉克直至土耳其的肥沃区域。他们与苏美尔人在某种程度上是共生关系。在苏美尔发现的最早的文字记录可以证明这一点。

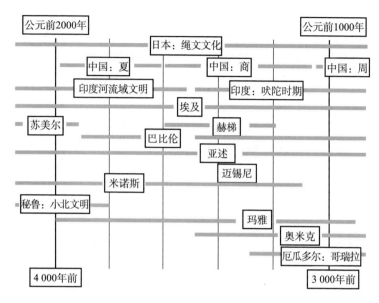

着今土耳其地区。

● 地中海地区诞生了一些著名的文明。克里特岛的米诺斯人使用线性文字留下了宝贵的文字遗产以及迈锡尼人可能是《荷马史诗》中的希腊人。一些历史学家认为特洛伊于公元前1200年左右陨落。

● 公元前2000年左右，中美洲出现了玛雅人。玛雅文明持续了3500年。奥米克文化诞生于公元前1500年左右，持续时间约1000年。

● 在今南美厄瓜多尔地区相继出现了基多文化（约公元前2000年）和哥瑞拉文化（约公元前1300年），持续时间大约1000年。哥瑞拉文化留下了大量的陶瓷制品。

公元前1200年至公元前1150年，青铜时代突然结束，迈锡尼、安纳托利亚、叙利亚和其他地方的文化同时陨落。宫殿文化恢复为乡村文化。

截至公元前1000年，世界人口已增长到1.15亿左右。

基准数字

青铜时代结束在公元前 1200 年。

3 000 年至 2 500 年前（公元前 1000 年至公元前 500 年）

● 中国：从公元前 1046 年开始，周朝兴起，它成为中国历时最长的朝代，将近 800 年。思想家老子和孔子都生活在周朝。从公元前 770 年开始，周逐渐失去对其他小国的统治，当时正值春秋战国时期。

● 印度：吠陀末期，印度逐渐从游牧民族过渡到农业社会。

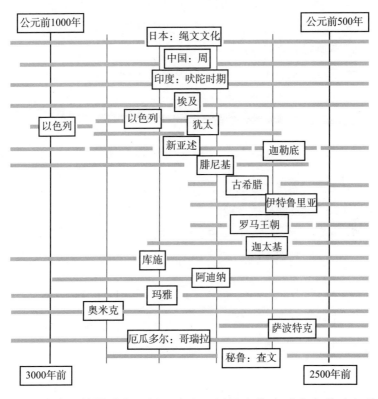

● 中东：铁器时代，新亚述人、新巴比伦人（卡尔德人）和

波斯人（阿契美尼德人）出现在中东。以色列王国和犹太王国也在这一时期。

- 地中海：腓尼基人在整个地中海地区发展贸易，古希腊文明正在形成。

- 意大利：伊特鲁里亚人在今托斯卡纳地区蓬勃发展。公元前750年左右，一个名叫罗马的小镇居民开始四处迁移。

- 北非：公元前814年，腓尼基人建立了迦太基王国。

- 东非：城市梅洛成为库施王国的中心。它位于埃及南部的努比亚地区。埃及曾征服库施王国，后于公元前1100年撤军。库施王国历时1200多年。

- 北美：以俄亥俄河流域为中心的阿迪纳文化广泛发展。

- 中美洲：奥米克文化和玛雅文化继续发展。公元前700年左右，萨波特克文明出现。

- 南美：公元前900年左右，查文文化于安第斯高原诞生，但其影响力辐射今秘鲁太平洋沿岸地区。

截至公元前500年，世界人口已达1.5亿。

2 500年至2 000年前（公元前500年到1年）

- 日本：公元前300年，日本进入弥生时代，历时600年左右。日本开始密集种植水稻。

- 中国：持续了250年左右的战国时期结束。公元前256年，周朝灭亡。它被第一个封建帝国秦①取代，然后很快秦又被汉取代。汉朝被视为中国封建时期的黄金时代。

- 印度：马加达王国建立初期，约公元前563年至公元前480年，乔达摩·悉达多（释迦牟尼）出生。约公元前320年，莫里扬帝国建立，历时仅140年。其统治者之一阿育王拥护佛教。该时

---

① 著名的兵马俑是第一个封建皇帝秦始皇的陪葬品。中国的英语名（China）正是源自秦始皇的拉丁语名字，Ch'in。

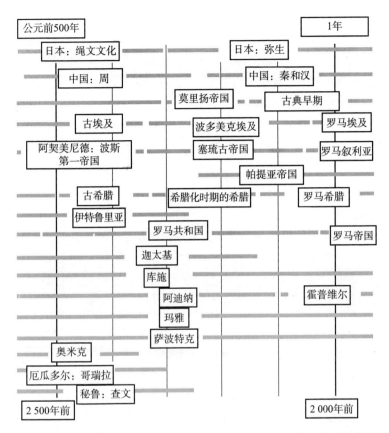

期后半段，萨塔瓦哈那帝国统治着印度中部，而潘丹帝国则在南部繁荣发展。公元前184年，莫里扬帝国灭亡。

- 中东：这一时期初，波斯人主宰着中东，但后被亚历山大大帝和塞琉古帝国取代。公元前250年左右，帕提亚人征服了美索不达米亚及其周边地区，建立了一个历时近500年的帝国，一直持续到公元220年。

- 公元前5年左右，拿撒勒人耶稣出生于罗马犹太地。

- 地中海：古希腊人发动内战（伯罗奔尼撒战争）之前击败了波斯人。希腊后来落入亚历山大大帝的统治之下。这一时期末，希腊成了罗马帝国的一部分。

- 公元前 650 年，腓尼基人结束了对迦太基王国的统治。它长期与罗马处于冲突之中，后于公元前 146 年被罗马征服。
- 意大利：这一时期，罗马人无休止地扩张领土，逐渐吞并了伊特鲁里亚人的城市。公元前 27 年，为了反抗恺撒，内战爆发，恺撒被暗杀，罗马帝国成立。
- 东非：库施王国（麦罗埃王国）继续发展。
- 北美：阿迪纳文化衰落。大约在同一地区，霍普维尔文化兴起，由同一贸易网络中几个相互联系的族群组成。
- 中美洲：这一时期，玛雅文化已经成为第一个使用象形文字的美洲文化。
- 南美洲：厄瓜多尔哥瑞拉文化和秘鲁查文文化衰落。

> **基准数字**
>
> 亚历山大大帝征服波斯的时间是公元前 330 年。

谈到罗马帝国，我们都会想起一句话，"条条大路通罗马"。罗马共和国历时约 500 年，而罗马帝国（岁马共和国分裂为东罗马和西罗马之后的西罗马）历时约 500 年。罗马帝国始于公元前 27 年，① 接近公历纪元的起点。

截至 1 年，世界人口已达到 1.88 亿。

2 000 年至 1 500 年前（1 年至 500 年）

- 日本：250 年，弥生时代结束，日本进入古坟时代，它也是大和时代的开端。古坟时代标志着日本记载史的开始。最早的日本文字可追溯至 5 世纪。
- 朝鲜：三国时代的三国包括新罗（始于公元前 57 年，持续近 1 000 年）、高句丽和百济。660 年左右，高句丽和百济又被新罗取代。

---

① 公历纪元的起点并不是零。公元前 1 年之后便是公元 1 年，让人伤神。

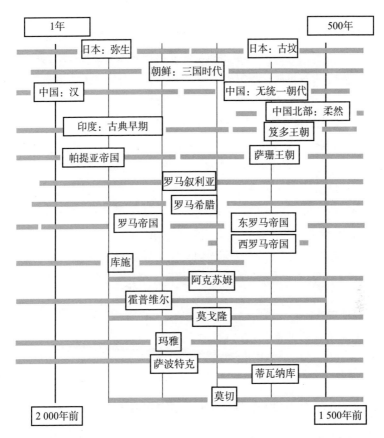

- 中国：汉朝继续发展。220 年，它被一些历时较短的朝代取代，它们是三国、晋和南北朝。330 年左右，柔然在中国北方建立，它为今蒙古国的前身，历时 220 年。

- 印度：萨塔瓦哈那帝国一直持续至 220 年，而潘迪亚帝国继续统治着南部。在从阿富汗延伸到印度北部的地区，贵霜帝国崛起。375 年，来自西方的萨珊人与来自东方的笈多人征服了贵霜帝国。320 年至 550 年，笈多人统治着印度，这一时期被视为印度的黄金时代。

- 中东：随着帕提亚的衰落，萨珊王朝（伊斯兰教兴起之前波斯人最后的繁荣时期）在 200 年左右掌权，其统治持续到 651

年。统治范围包括从中东到阿富汗、巴基斯坦的地区。

● 地中海、意大利和欧洲其他大部分地区：罗马帝国。还需多说什么？公元前27年，奥古斯都（屋大维）建立罗马帝国。476年，罗慕路斯二世被废黜，西罗马帝国灭亡。罗马人统治了地中海及其周边地区长达500年，而东罗马帝国的统治时间则将近1 000年。

● 非洲：350年，库施王国结束。100年，埃塞俄比亚北部建立了贸易国阿克苏姆，历时800多年。

● 北美：200年左右，莫戈隆文化在北美西南部繁荣发展，直至1500年被西班牙人征服。

● 中美洲：这一时期，特奥蒂瓦坎（今墨西哥）为美洲最大城市。玛雅文化和萨波特克文化继续发展。

● 南美：秘鲁北部出现莫切文明。从300年开始，蒂瓦纳库帝国沿着今玻利维亚西部沿海地区发展。

基准数字

西罗马帝国灭亡在476年。

截至500年，世界人口为2.1亿。

1500 年至 1000 年前（500 年至 1000 年）

● 日本：大和时代后，继续经历了飞鸟时代（佛教传入）、奈良时代和平安时代。

● 中国：南北朝结束，隋朝统一中国。隋仅存在了37年，之后是唐朝。它被视为黄金时代，历时近300年。之后，中国进入五代十国时期。1000年左右，宋朝开始统治中国。

● 印度：606年，戒日帝国建立，历时约40年，因东西征讨出名。之后是遮娄其王朝，历时110年后被卡纳塔克邦王朝取代，印度进入古典后期。

● 622年，穆罕默德从麦加来到麦地那。这一年为伊斯兰教历的起点，同时一系列变革开始。随后几年中，伊斯兰哈里发帝国

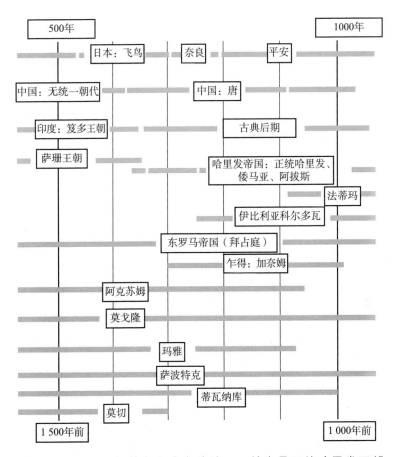

开始统治中东、阿拉伯和北非大片地区。首先是正统哈里发王朝，持续时间约 30 年。然后是倭马亚王朝，持续了 90 年，于 750 年结束。之后，阿拔斯王朝开始。当时，法蒂玛王朝什叶派哈里发人民党在北非和阿拉伯地区势力强大。

　　● 伊比利亚：8 世纪初，伊斯兰教的倭马亚人（也称为摩尔人）移居伊比利亚，开始统治安达卢斯。他们与北方的基督教国家共存。

　　● 700 年，古东罗马帝国，也称拜占庭帝国，在欧洲持续强盛。之后，它退回中东。1100 年开始，它的版图不断缩减。

● 700 年左右，非洲加奈姆帝国建立，它以今乍得为中心，历时 650 多年。

到那时止，世界人口已接近 3 亿，是 4 000 年前的六倍多。之后 1 000 年中，这个数字将增长 20 倍以上。

如果你知道每种玉米播种了多少英亩，你就可以算出玉米地的总面积。接下来，你可以算算共用了多少夸脱的种子，这样便可以计算出产出。

——罗伯特·格罗斯泰斯特

下列哪个体积最小？

- □ 美国佩克堡大坝的水量
- □ 日内瓦湖的水量
- □ 委内瑞拉古里水坝的水量
- □ 土耳其阿塔图尔克大坝的水量

面积的平方和体积的立方

《它们!》

1956 年，恐怖电影《它们!》（*Them*!）（感叹号是电影名的一部分）中描述道，"1945 年进行的'原子测试'……导致蚂蚁变异成危险物种"。变异后的巨型蚂蚁到处乱串，造成了许多破坏，人类生命也受到威胁。但是，为什么我们在地球上看不到这么大的蚂蚁呢？世界上最大的蚂蚁（巴拿马的子弹蚂蚁）是否只能进化到"4 厘米"长？答案隐藏在数字以及长度、面积、体积之间的

121

关系中。

我们已经讨论了距离，它是空间的基本元素。但别忘了，我们生活的空间一共存在三种"距离"。也就是说，当距离带上平方变成面积或带上立方变成体积时，就可以快速生产大数字。

面积

你可能已经在十几部犯罪电视剧中见过这样的场面：一排搜救人员、警察和志愿者以某个特定队形走过一片荒野。他们左看右看，寻找着失踪者的踪迹。让我们往这幅画面中加些数字。

首先，假设荒野面积为 100 米乘以 100 米，[①] 相当于伦敦特拉法加广场或一个足球场的大小。假设共有 25 位搜救人员，他们间隔 4 米排成一排，从正方形其中一边出发。每个人负责左右 2 米内的范围。假设他们以 1 米/秒的速度前进，那么整个搜救过程将持续 100 秒，即 1 分 40 秒。现实情况并不需要这么多人，我们只是做个实验而已！

现在假设搜索区域为 1 千米乘以 1 千米，边长为之前的 10 倍。在搜救工作中，这一范围不算大。但对一个 25 人组成的搜救小组来说，他们需要走 10 趟，且每次所花时间是之前的 10 倍，因此总时长是之前的 100 倍，即 1 万秒，约 2.75 小时，且中途不能休息。如果我们将搜救范围扩大到 10 千米乘以 10 千米，所需时间将增长到 100 万秒，相当于全天候工作 11 天以上。

当我们将讨论对象从长度转移到面积时，我们从一维来到了两维，一切都变了。开侦察机的人若要在大海上搜寻一架坠落的客机踪迹，他得多辛苦。

处理面积时，我们的大脑需要额外帮助。上小学的时候，我们接触的大多数数字和度量都是线性的。数学课上没有面积测量工具。想获得面积，只有通过计算，很少可以直接测量。回想一下

---

① 100 米乘以 100 米等于 1 公顷，它是公制面积单位，约 2.5 英亩。

你台式电脑显示器的规格。你可能觉得在此类平面设备的规格介绍中必然会提供面积或者总像素。但你想错了，屏幕尺寸无一例外只给对角线长度（用以表示面积），总像素则采用水平像素乘垂直像素的形式（用以表示分辨率）。

但是，当人类行为涉及区域时，比如搜寻荒野、铺车道、播种田地、铺地毯、粉刷墙壁，二维测量必不可少。事实上，一旦涉及面积，数字便会瞬间变大。

赤道"仅"4万千米长，而地球的表面积为5.1亿平方千米，它比线性周长大4个数量级。这背后只涉及简单的几何和算术，无特别高深的东西。但表示面积和体积的数字一般都比较大。

基准数字

地球表面积（陆地和海洋）刚好超过5亿平方千米，10亿的一半。

体积

如果面积我们都难以应对，那就更别谈体积了，它难度更大。

是时候再次发挥我们的视觉化技能了。据建筑学家估计，埃及的胡夫金字塔①由230万块石头构成。这个数字可信吗？我们该如何理解这个大数字？或许我们可以采用一种易于理解、方便记忆的方法将它视觉化。

如果这些石头都是相同尺寸的立方体（实际不可能，只是假设），那么一座由230万块石头组成的金字塔（比例同胡夫）每一面有多少块石头？

让我们掏出纸、笔和计算器，然后使用金字塔体积公式计算②

---

① 胡夫金字塔又被称为吉萨大金字塔或基奥普金字塔。

② 要计算任何锥形体体积，例如金字塔或圆锥，可用底部面积乘以总高度的1/3得到。因此，通过这个公式我们得到225×225×136/3＝2 295 000（块）。

一下。计算结果表明，如果真有 230 万块石头，那么金字塔底部有 225×225 块，高度达 136 块（最终计算结果略低于 230 万）。胡夫金字塔的实际尺寸约为 230 米×230 米×139 米。这些数字非常接近石头的块数。如果所有石头都是相同尺寸的正方体，那么其边长为 1.022 米。230 万这个数字似乎完全可信。[①]

不仅可信，简直就是不可思议！构成金字塔的石块的平均尺寸竟然如此接近历史上的"腕尺"以及现代的"米"！

尽管 230 万确实是个大数字，大到难以理解，但当我们将其切割为（225×225×136/3）后，我们不仅成功将它牵引到了我们的数字舒适区，而且立刻判断出了它的可信度。[②]

继续说地球。前文提到地球周长约 4 万千米，表面积约 5 亿平方千米。那地球的体积是多少？ 1.08 万亿立方千米，大数字无疑。

---

① 当然，所有石块的尺寸不可能完全相同，也不可能都是完美的正方体。此外，我们还没有考虑金字塔内部的石块数量，还有许多其他因素。但我们的目的只是去判断"230 万"这个数字是否可信，而不是获得一份精准的测量报告。我们只想回答"230 万算大数字吗"。

② 让我们进一步检查它的可信度：如果石头是石灰石，密度约为 2 500 千克/立方米，那么每块石头重约 2 670 公斤。整个金字塔的重量约为 60 亿公斤。根据维基百科，金字塔的重量为 59 亿公斤。确实很可信。

不用害怕巨型蚂蚁

长度、面积和体积之间的关系有时被称为"平方立方定律"：随着物体的线性维度发生变化，其表面积将以平方增长，体积将以立方增长。

根据平方立方定律，《它们！》中的巨型蚂蚁不可能存在。从电影海报上看，这些蚂蚁的长度随随便便就能到 4 米，是巴拿马子弹蚂蚁的 100 倍左右。

根据平方立方定律，长度增加 100 倍意味着面积将增加 1 万倍，体积（以及质量）将增加 100 万倍。由于蚂蚁的腿部力量与四肢横截面积有关，身体质量又与体积有关，因此它们的体重是四肢所能承担重量的 100 倍，这些蚂蚁会被自己的身体压垮。同理，内部器官的重量也是它们"皮肤"承受能力的 100 倍。如果读者有兴趣，不妨脑补更多细节。

此外，平方立方定律能够解释为什么动物体形越大就越笨重。如果羚羊有大象那么高，它们纤弱的腿就会骨折。鸵鸟不能飞行，飞行动物的体重有限制，也由平方（翅膀面积）立方（动物质量）定律决定。

弦理论

我们来看一看四种弦乐器的尺寸与质量：

乐器	长度	与小提琴之比	质量	与小提琴之比
小提琴	0.60 米	100%	0.40 千克	100%
中提琴	0.69 米	115%	0.54 千克	135%
大提琴	1.22 米	203%	3.50 千克	875%
低音提琴	1.90 米	317%	10.00 千克	2 500%

假如这些乐器都是实心的，那么质量会随体积的增长而成比例增长，即长度的三次方。如果这些乐器都是空心的且木材密度一

致，那么质量会以长度的平方增长。但事实上，质量的递增介于平方和立方之间。低音提琴显然不是加大号的小提琴。零件的比例也会随着尺寸的增加而改变。但这再次表明，当物体变大时，质量和体积会以不同比例增加。

地积

这样的人真快乐，他的关怀与希望只限于祖传的几亩土地。他乐于在自己的土地上享受空气的芳香。

——亚历山大·蒲柏

让她为我寻找 1 英亩土地

土地一直都是稀缺资源，十分宝贵。难怪最早的文明就已经开始测量土地了。

建立古国迦太基的故事中，女王迪多向北非柏柏尔国王艾尔巴斯索要土地，结果只争取到了牛皮大小的面积。狡猾的迪多将牛皮切成无数细条（巧妙运用了平方立方定律中关于面积的知识），并将牛皮细条首尾相接，但她并未拼成一个圆，而是借助海岸线拼成了一个半圆。数学家们知道如何将限定长度的曲线和不限定长度的直线围成最大面积，这就是著名的"迪多问题"。

古埃及数学中许多知识都涉及土地的测量和布局。[①] 尼罗河每年都会发洪水，这会破坏原本划定的土地界限、改变土地的形状。测量员每年都需要重新勘测。古埃及的基本面积单位为"阿罗拉"（aroura）或"萨甲特"（setjat），它代表一个边长 100 肘（约 52 米）的正方形。以公制计算的话，面积约 2 700 平方米。[②]

罗马人使用"犹格"（iugerum）测量土地。古罗马作家老普

---

① 比如将绳子按长度分为三段，分别标记为 3、4、5。通过拉伸绳子，便能得到正确角数的三角形。

② 大约为一个足球场（面积略大于 7 000 平方米）的 3/8。

林尼将其定义为"一天之内一牛轭①可耕地面积"。它长 240（罗马）英尺,②宽 120 英尺,相当于 2 523 平方米。这个数字非常接近古埃及的阿罗拉和萨甲特。这表明,它们很可能也源自一天要耕种的土地量。

罗马人将 2 犹格称为 1"份地"（heredium）。据说,这是罗慕路斯一世授予每个公民的土地面积,也是可以世袭的最大土地面积。

中世纪欧洲对英亩的定义③同样基于一天之内一牛轭耕种的土地量。因为源自民间,英亩起初无明确定义,好在后来规范化了:它指一块长方形土地,长 1 浪（220 码）,宽 1 链（22 码）,等于现代的 4 047 平方米。浪的民间定义源自一牛轭连续耕种的犁沟长度。因此我们不难想象它代表的土地量。犁耕者完成每一浪后,停下来让牛休息一下,之后再折回。也许你已经发现了,英亩的面积比犹格大 60%,中世纪的牛似乎比古罗马的牛更卖力!

在中世纪的英格兰,15 英亩土地为 1"牛耕"（oxgang）,8 牛耕为 1"卡勒凯特"（carucate）,相当于 8 头牛一个季节可以耕种的土地。

我父亲曾在南非担任乡村律师,他的工作涉及农场买卖。20 世纪 70 年代实行公制之前,我记得他谈到农场面积时会使用"摩根"（morgen）。这一地积单位是从荷兰殖民者那里继承下来的,德国和其他一些国家也会用（拼写各异）。摩根一词的意思是"早晨",从概念上讲,它指早晨可以耕种的土地量。在南非,1 摩根等于 2.12 英亩。如果你认真思考"耕种的土地量"这几个字,你会发现在一天中,南非牛耕种的土地量是英国牛的两倍!

---

① 轭的词源是什么?它源自拉丁语 iungere（加入）。英语单词 junction（交界处）和 jugular（颈静脉）也源自它。

② 罗马英尺比现代英尺短大约 1/3 英寸。

③ 英亩的英语单词 acre 源自原始印欧语中的前缀 argo-,指田地。

地积公制

法国大革命引入的国际单位制中有一个地积单位"公亩"（are），它等于10米乘以10米。在实践中，公亩的使用频率不高，反倒是100公亩，即1公顷变成了默认单位。1公顷约等于2.47英亩，约4犹格。

许多国家习惯了使用传统地积单位，于是它们直接在旧时单位和公顷之间画等号。此操作既保留了传统名称，同时也享受了国际标准的优势。因此，按照现代定义，伊朗的"杰里布"（jerib）、土耳其的"德杰里布"（djerib）、阿根廷的"曼萨撒"（manzana）以及荷兰的"本德"（bunder）都等于1公顷。

你可以使用以下方法视觉化公顷：自由女神像广场约1公顷；伦敦特拉法加广场约1公顷；一个橄榄球场也接近1公顷。

农场和其他房产面积都以公顷为单位。但对于更大的土地面积，如果继续使用公顷，数字将会很大。于是，公顷的升级版平方千米（100公顷）登场。

基准数字

一个橄榄球场的面积约1公顷。

城市规模

当我们提到城市规模时，我们通常指它的人口。但在这里，城市规模指它的土地面积，也就是城市所覆盖的实际土地量。你可能觉得这很简单，但事实并非如此。首先，我们来看看城市面积的几种定义：

- 城市市区，核心地带。
- 城市行政区域，市政府（如果存在市政府）管辖区域。
- 城市都市区，包括附属郊县。
- 连续建筑区，几个城市可以构成一个大都市带。

虽说这些定义都有些模糊不清，但我将选择"都市区"这个定义帮助读者建立数感。伦敦都市区的面积为 1 569 平方千米。你可以将它视觉化为一个直径 44 千米的圆。让我们快速检查一下这个数字是否合理：伦敦 M25 绕城高速的直径确实在 40 千米至 50 千米之间。

纽约的都市区，又称三州地区，面积约 3.45 万平方千米，而东京都市区则为 1.35 万平方千米。

按人口计算，世界上最大的连续建筑区乃中国的珠江三角洲，它以广州为中心，包括香港和澳门。它不仅人口众多，而且面积也很大，约 3.938 万平方千米，相当于直径 224 千米的圆。如果高速公路畅通无阻，开车穿越这个圆要花 2 小时。①

和威尔士一样大

英国人谈论土地面积时，总喜欢带上威尔士，这已经成了一种习惯。有一个自称为"威尔士大小"的慈善机构，发起了一场雨林保护运动。而雨林的面积——和威尔士一样大。那么，威尔士到底有多大？接近 2.1 万平方千米。也就是说，珠江三角洲的面积几乎是威尔士的两倍。

英国人也会使用其他地方作参考标准。小时候大人带我去克鲁格国家公园看南非野生动物时，有人告诉我它"和以色列一样大"。克鲁格公园为 1.9485 万平方千米，大约是以色列（2.077 万平方千米）的 94%，相差不大。其实也接近威尔士。

> **基准数字**
>
> 威尔士约 2.1 万平方千米。
> 以色列和威尔士的面积差不多。

---

① 珠江三角洲为沿海地区，或许我们可以将其视觉化为一个半圆。那么构成半圆的直线为 300 千米，半圆半径为 150 千米。

美国人形容某人心大时，喜欢说"像得克萨斯州那么大"。得克萨斯州究竟有多大？答案是 69.6 万平方千米，是威尔士的33.1 倍。

梵蒂冈是世界上最小的国家，面积仅 0.44 平方千米。虽然它被罗马包围，但仍然是一个独立的国家。按土地面积计算，世界上最大的国家是俄罗斯，面积为 1 709.8 万平方千米，占地球表面积的 3.2% 以及陆地面积的 11.4%。

国土面积

世界上 256 个国家的土地面积，按顺序排列，从最大的国家（俄罗斯）到最小的国家（梵蒂冈），我们需要注意以下几点：

首先，最大的国家俄罗斯（1 710 万平方千米）在面积上超过了其他所有国家。

其次，第二梯队由五个大国组成。首先是加拿大、中国、美国，面积都在 900 万~1 000 万平方千米（陆地加内陆水域），都略超俄罗斯的一半。其次是巴西，面积为 850 万平方千米。最后是澳大利亚，770 万平方千米。

最后，剩下的国家面积急剧下降。排在澳大利亚之后的印度为330 万平方千米。虽然位列第七，但面积未到澳大利亚的一半。埃及排在第 30 位，面积刚刚超过 100 万平方千米。冰岛为 10 万平方千米，排名第 108 位，约为加拿大的 1/100。冰岛虽然很小，但仍排在前半列。

世界上的国家面积呈偏态分布：也门（52.8 万平方千米）非常接近所有国家的平均面积（53.3 万平方千米），却排在第 50 位。中位数国家（排名靠中）的面积约为平均面积的 1/10，即 5.28 万平方千米。克罗地亚比中位数国家要大一些（5.66 万平方千米），而波黑却要小一些（5.12 万平方千米）。因此，如果存在"代表性"国家一说，那它也太小了。

基准数字

最大的国家俄罗斯面积为 1 700 多万平方千米。

人口密度最大的国家中国面积为 960 万平方千米。

中位数国家面积约为 5 万平方千米。

俄罗斯的面积为 1 700 多万平方千米，这是一个很大的数字吗？我们可以将其视觉化吗？它相当于边长 4 000 千米的正方形，约为赤道周长的 1/10，极点到赤道距离的 4/10，或者澳大利亚东西向的宽度。

中国、加拿大和美国的面积都超过了 900 万平方千米，相当于一个边长约 3 000 千米的正方形。

非洲最大的国家是刚果民主共和国，面积为 225 万平方千米，约为俄罗斯的 1/8。西欧最大的国家是法国，面积为 64 万平方千米，不到俄罗斯的 1/2（法国相当于边长仅 800 千米的正方形，但法国人喜欢将自己的国家看成六边形，那么它相当于边长 500 千米的六边形）。

英国的面积为 24.2 万平方千米，相当于边长不到 500 千米的正方形。

测量洲和岛

"洲"这一定义并不明确。欧洲和亚洲明显连在一起，我们应该将它们视为两个洲吗？大洋洲呢？它是洲还是岛？有些分类甚至将南北美洲视为一个洲。这里我们将采用常用的七大洲划分方法，如下：

亚洲	4 382 万平方千米
非洲	3 037 万平方千米
北美洲	2 449 万平方千米
南美洲	1 784 万平方千米
南极洲	1 372 万平方千米
欧洲	1 018 万平方千米

大洋洲	900.85 万平方千米

世界上最大的岛屿包括：

澳大利亚（单独）	769.2 万平方千米
格陵兰	213.1 万平方千米
新几内亚	78.6 万平方千米
婆罗洲	74.8 万平方千米
[如果得克萨斯州也算岛，它能排在这里：69.6 万平方千米]	
马达加斯加	58.8 万平方千米
巴芬岛	50.8 万平方千米
苏门答腊	44.3 万平方千米
本州岛	22.6 万平方千米
维多利亚岛（加拿大）	21.7 万平方千米
大不列颠	20.9 万平方千米
埃尔斯米尔岛（加拿大）	19.6 万平方千米

在判断陆地面积时，世界地图具有很大的欺骗性。常用的墨卡托投影饱受非议，因为它严重放大了靠近两极的区域，从而扭曲了陆地面积。

举个例子。在墨卡托投影上，格陵兰岛看上去和非洲一样大。但从前文数据可以看到，非洲的面积是格陵兰的 14 倍以上。[1]

地球的总陆地面积约 1.49 亿平方千米。剩下都是水域，包括海洋和湖泊，共 3.61 亿平方千米。那么，地球总表面积为 5.1 亿平方千米。[2]

---

① 墨卡托投影非常适合航海：纬度线和经度线完美平行，方向显示准确。在这种平面世界地图上，一部分数据将非常精确，另一部分数据则不然。只有地球仪才能准确绘制地球。

② 如果从地球半径（6 370 千米）出发，利用球体表面积公式也可以计算出相同的数字，即 5.1 亿平方千米。

> **基准数字**
>
> 地球陆地面积约 1.5 亿平方千米。
>
> 海洋和湖泊总面积约 3.5 亿平方千米。
>
> 前两项相加，地球表面积约 5 亿平方千米。

测量液体和固体

推出水桶

如果你邮寄一件贵重物品，你会仔细追踪它。几个世纪以来，人们都小心运输、存储和分销酒精饮品。

伊丽莎白女王时期的英格兰，液体的度量单位由小到大单倍递增。葡萄酒最大容积单位为"大桶"，它开启了以下容积链：

一特大桶等于两派普，

一派普等于两大桶，

一大桶等于两中桶，

一中桶等于两小桶，

一小桶等于两蒲式耳，

一蒲式耳等于两肯宁，

一肯宁等于两配克，

一配克等于两加仑，

一加仑等于两瓶，

一瓶等于两夸脱，

一夸脱等于两品脱，

一品脱等于两杯，

一杯等于两及耳，

一及耳等于两杰克，[1]

一杰克等于两量杯，

一量杯等于两口，

一口约 1 立方英寸！

一特大桶等于 2^{16} 或 6.5536 万口。[2] 我爱这个容积度量系统，爱它的整洁和执着（更别提它还超前使用了现代计算机技术中的二进制概念）。这份容积单位列表绝非详尽无遗。多年来，英国人还喜欢使用它们的别称。例如，英国海军每人每天可以喝一"托特"朗姆酒，相当于 1/8 品脱，或 1 杰克，又或现代公制中的 70 毫升。

1967 年，美国工程师哈罗德·拉森（公制系统的反对者）发明了一套新的单位。它其实是上面那套倍增容积单位的变体。拉森想让这套新的单位成为美国的公制，但失败了。[3]

葡萄酒瓶也有许多容积单位，令人迷惑。它们的顺序也呈单倍增加。拿香槟来说：

1 标准瓶为 0.75 升，

两标准瓶等于 1 麦格纳姆，

两麦格纳姆等于 1 耶罗波安，

两耶罗波安等于 1 玛士撒拉，

两玛士撒拉等于 1 巴尔萨扎，即 16 个标准瓶。

可惜从这里开始，二进制序列开始崩溃。虽然该系统还有更大的容积单位，比如格利亚，等于 36 个标准瓶，但它并不是巴尔萨扎的两倍。它的存在只是为了促销。

---

① 杰克和及耳？我们之间见过！

② 让我们试着回答一下：这个数字很大吗？6.5536 万立方英寸的长方体长什么样？按照这个单位系统，一特大桶等于 6.5536 万立方英寸。我们可以将它拆分为 65536 =64×32×32（英寸），相当于一个高 64 英寸、长宽均为 32 英寸的长方体。这个容器很大，它可以装下大约 1 吨（1.1 吨）重的水（或葡萄酒）。

③ 根据拉森的方案，最小量度是汤匙。实际上，一标准汤匙就约等于一立方英寸或一口。此外，烈酒的度量单位量杯也接近现代英国常用的"剂"（25~35 毫升）。

石油

液体当中，并不是只有酒才具有巨大的商业价值，也不是只有酒才用桶装。如果有一种液体可以定义我们的现代生活，那就是石油。

石油按桶装售卖，因此油桶尺寸必须标准化。一个油桶有多大？实际上，不同地区尺寸有所不同，但美国的 42 加仑油桶最常见，每桶不到 159 升。根据美国石油和天然气历史学会的说法：42加仑油桶重达 300 磅，一位成年男子可以搬动它。20 个油桶可以装满一艘普通驳船或一辆铁路平车。油桶要是再大点管理起来不方便，要是再小点就会影响利润。

一个标准油桶高度为 0.876 米（略低于网球网），最宽处（用于加强油桶结构的肋拱）为 0.597 米。

小汽车的油箱一般为 50～70 升，可以容纳 1/3～1/2 桶的汽油。[1] 向加油站运输石油的大型油罐车通常可装载 2 万～4 万升，大约 200 桶，足以为 500 辆小汽车提供动力。

最大的油轮（船）可以运载 200 万桶石油，是油罐车的1 万倍。[2] 在英国石油公司深水地平线海底油井故障造成的灾难性漏油事故中，估计漏油量为 490 万桶，相当于邮轮容量的 2.5 倍。

在结束漫长的石油之旅之前，我想提一下全球最大的石油存储设施。它位于美国俄克拉荷马州的库欣，可存储 4 600 多万桶石油，相当于 23 艘大型油轮。

最后我们需要思考一个问题：地下还有多少石油？这个问题没

---

[1] 汽油和原油不一样。实际上，每桶原油可以产生约 45% 的汽油，以及约 25%～30% 的柴油。剩下的 20%～25% 会用以生产石油衍生产品，例如喷气机燃料或液化石汽油等。

[2] 合理性检查：如果一艘油轮的载重量是油罐车的 1 万倍，那么前者的线性尺寸将是后者的约 20 倍。一艘超大型原油运输船（VLCC）长约 300 米，那么油罐车的长度就该为 15 米。

有确切答案，但根据现有的开采技术，① 比较合理的估计是最少 16 万亿桶，相当于约 80 万艘超级油轮。如果保守估计人类每天使用 9 000 万桶石油左右（45 艘超级油轮），那么剩下的石油资源只能维持不到 50 年。

在之后关于能源的章节中，我们将了解石油含多少能量，替代燃料中又含多少。

固体

人类不仅需要运输液体，也需要运输固体。虽然固体物品的寄售往往以质量、重量而非体积来衡量，但旧时一些奇怪的固体体积单位还挺有意思：

● 蒲式耳（bushel）：这个单位的矛盾之处在于它既可以作容积单位，又可以作质量单位。作容量单位时，无论是美制还是英制，都等于 8 加仑。

● 霍普斯（hoppus）：该单位用于度量圆木中可用木材量。它以爱德华·霍普斯的名字命名。1736 年，他出版了一本实用的木材量计算手册，主要基于圆木周长的 1/4。②

● 绳（cord）：宽 4 英尺、长 8 英尺、高 4 英尺的长方体能够装下的木材量③即为 1 绳，约 3.75 立方米。该单位与测量木材堆长短的线形标尺有关。

● 斯特尔（stere）：斯特尔是用来取代英制单位绳的公制单位，指 1 米×1 米×1 米的木柴，约 1/4 绳。

---

① 如果石油资源即将耗尽，市场机制应该会推动石油价格上涨，可替代能源的经济成本应该会下降，石油开采效率应该会提高。注意，我用了三个"应该"。目前，石油价格低得惊人，这不能反映它的真实开采成本，也不能揭示浪费石油的代价。

② 霍普斯还考虑到了以下情况：木材被切割成长方体后，必然造成浪费。这种情况下，可用木材的比例为 π/4，约 79%。

③ 在英格兰萨里郡的木柴供应商采用"载"测量木材。他们将 1 载定义为 1.2 立方米，约 1/3 绳。一载木材够我用 2 年，包括冬天偶尔生生炉火，夏天偶尔吃吃烧烤。

• 20 英尺当量单位（Twenty-foot Equivalent Unit，TEU）：本质上等于一个集装箱的容量。20 世纪 60 年代后期，全球开始统一集装箱尺寸，20 英尺是其中最小的。1TEU 等于 38.5 立方米。超大型集装箱船（ULCV）可以运载 14 500TEU 以上，相当于超过 50 万立方米的货物。[①]

降雨

我在南非东开普省的一个农村长大。当地人最喜欢讨论的话题便是降雨量，因为那里常年干旱。雨量充足的时候，人们的开场白总是"大坝满水了"。虽然我父亲是位律师，他也经常使用雨量计。对他来说，一个精巧的铜制雨量计就是最好的生日礼物。[②]

从本质上来说，降雨量指的是雨水的体积，但人们还是采用了线性单位去量化它。因为当雨水落在大地上（并被吸收）后，我们在概念上用雨水的体积除以了土地面积，最后得到一个线性测量结果，例如"2 英寸"或"50 毫米"。假如雨水不会被吸收，也不会蒸发，它就是这个高度。

顺便说一下，同等高度的雪（50 毫米的雪 VS 50 毫米的雨）重约 1/10，融化成水后体积为原来的 1/10。

2015 年 12 月，戴斯蒙德风暴袭击了英国格林里丁的坎布里安村。24 小时内，降雨量达到 67 毫米，村庄遭受了巨大破坏。67 毫米是个大数字吗？

我们来将它视觉化：想象一个占地 10 米乘以 10 米的房子，在那场暴风雨中，降落在房顶上的雨水总计 6 700 升。[③] 一个大雨桶

---

① 合理性检查：这种级别的船可能长 400 米、宽 60 米。因此要运载 50 万立方米的货物，就需要将集装箱堆到 20.83 米的高度。因为一个标准集装箱高 2.59 米，那么需要堆 8 层。实际上，有时候集装箱船还会堆上 12 层。

② 作为一位刚刚崭露头角的数学家，我特别钟爱一款雨量计。它的形状像一个（向下的）圆锥。它并不是以线性尺度（如圆柱体那样）测量雨水，而是以立方尺寸。举个例子，立方尺寸的两倍意味着降雨量的八倍，非常适合测量较小雨量。

③ 1 升为 1 立方分米（100 毫米，1/10 米）。因此 67 毫米等于 0.67 分米，10 米乘以 10 米的屋顶为 100 分米乘以 100 分米，因此总降雨量为 6 700 升。

的容量可能高达 1 000 升，这意味着这种雨桶能被装满近 7 次。

其实 6 700 升并不算多。它之所以造成了灾难性的洪水，是因为地面已经饱和了，无法继续吸收雨水。格林里丁地处山地，雨水卷着石头全部汇入当地小溪，于是造成了洪灾。

实际上，降雨会汇成一条直线。河床及平方立方定律将大大增强它的破坏力，给这个小村庄带来灾难。

国家和湖泊的面积比

葡萄牙面积（9.21 万平方千米）约为

　　4×伯利兹（2.297 万平方千米）。

新西兰面积（26.77 万平方千米）约为

　　2 000×圣诞岛（135 平方千米）。

俄罗斯萨马拉水坝的水量（57.3 立方千米）约为

　　2.5×美国福特佩克大坝（23 立方千米）。

密歇根休伦湖的水量（8 440 立方千米）约为

　　50×埃及阿斯旺高坝（169 立方千米）。

古巴面积（11.09 万平方千米）约为

　　100×中国香港（1 104 平方千米）。

苏丹面积（186.10 万平方千米）约为

　　2×尼日利亚（92.4 万平方千米）。

津巴布韦面积（39.1 万平方千米）约为

　　5×塞尔维亚（7.75 万平方千米）。

纳米比亚面积（82.4 万平方千米）约为

　　40×以色列（2.077 万平方千米）。

技巧四：比率和比例
按比例缩小大数字

　　有时，我们可以利用某个已知基准数字去"驯服"大数字。我们可以用大数字除以基准数字，从而得到一个比率。借助比率，我们可以将"野兽"牵引到我们的数字舒适区，然后理解它的意义、判断它的大小。

　　要理解一个国家的人口变化，你可以查看它的出生率和死亡率，而不是原始死亡人数。要计算出生率，不仅需要知道出生人口数，还要知道总人口数，然后用前者除以后者。测量车速也是一个道理：选定一个速度单位，获得行驶距离，然后用它除以行驶时间。要判断棒球击球手的表现，你可以查看他的平均命中率：击中次数除以击球次数。

　　比率可以降低大数字的理解难度，因为你已经移除了一个令人费解的因素——基础规模，比较的第一步已经完成。实际上，比率已经成了一种比较数字的标准方式。例如，法国这样的大国一年中的出生人数（2015 年为 82.4 万）要比法属波利尼西亚这样的小国（同年为 4 300）多。这是肯定的，毕竟法国的人口远远超过法属波利尼西亚。但是，单纯比较原始出生人数的意义并不大，出生率（出生人数除以总人口）更有意义。当你知道出生率后你就会发现，2015 年法国的出生率为 12.4‰，而法属波利尼西亚为 15.2‰。

　　日常生活中，我们经常用到比率或比例这两种测量方式：通过油耗（升/百公里，或者英里/加仑）判断汽车性能；通过每平方公里的人口来测量、比较不同国家的人口密度；通过医患比衡量一家医院的医疗条件；通过销售量和访问量的比例判断一个网站的效率……通过这些方法，我们能够比较本来难以比较的事物，因为它们关系到不同类型数据背后的基础指标。

人均

回想一下我们刚才如何处理出生率的。作为数字公民，我们从口袋里掏出了最有用的技巧之一：人均（字面意思指每个人）。通过用某个数字除以人口基数，我们将原始发生次数转化为了发生频率（测量普遍程度）。正如"人均"[①] 二字本身所暗示的那样，当你除以人口基数时，你就能将大数字牵到人类可掌控的范围。例如，2015 年加拿大的 GDP 为 1.787 万亿美元。这个数字算大吗？好吧，加拿大人口为 3 530 万，那么它的人均 GDP 为 5 万美元[②]。

我们来对比一下加拿大和墨西哥。墨西哥人口 1.19 亿，GDP 为 1.283 万亿美元，因此人均 GDP 为 1.1 万美元。墨西哥的经济规模较小，人口是加拿大的三倍，因此墨西哥人均 GDP 仅为加拿大的 1/5。

如前文所述，不同国家或地区在地理和人口上差异很大。但是如果将其转化为人均值，我们就可以理解难以驾驭的数字。当我们需要查看国家层面的统计数据时，此技能必不可少。另外，它也适用于其他情况，比如不同规模企业的员工流动率，"规模"一词能帮助你揭开企业的面具。

---

① 人均＝每个人。似乎清点人数比计算总人口数更容易，"人头税"同理。
② 为了方便比较，我使用的是美元，而不是加拿大元。

总占比

2015 年，英国政府总共支出了 1.1 万亿美元左右，[①] 人均 1.77 万美元。当年国防预算支出约为 555 亿美元，这是大数字吗？它刚好超过国家预算的 1/20。总占比还可以用百分比表示，1/20 可以改写为 5%。与养老金和其他福利支出（35%）以及医疗支出（17%）相比，5% 似乎并不算大。

如果与美国超过 15% 的国防开支相比，5% 算中等。如果没有总占比，这类比较寸步难行。此外，总占比还有助于避免通货膨胀和预算增长造成的数据失真。它是理解大数字的最佳方式。

各国政府为了打动老百姓，喜欢大肆宣扬财政支出计划，动辄几百万、几十亿，但当你发现这些数字的总占比后，它们的吸引力会大打折扣。如果你想使英国的对外援助预算看起来很大，不妨将其表述为 180 亿美元；如果你想使它看起来很小，那么可以表述为 GDP 的 0.7%。如果你想知道某个数字究竟大不大，请从所有角度审视它。

增长率

"这个数字算大吗"之后通常跟着另一个问题，"比较对象是什么"。"上次测量结果"可能是个不错的答案，它能搭建一个理想的比较语境。举个例子，如果我们将一个国家的 GDP 或预期 GDP 同之前的相比较，就能计算出增长率（有时可能为负[②]）。增长率如何计算？用 GDP 的差值（现在/预期的 GDP 减去之前的

---

① 免责声明：英国脱欧后，汇率急剧下降。此处引用的数据使用了历年平均汇率，1.6 美元兑 1 英镑。

② GDP 连续两个季度负增长会被视为"经济衰退"。如果衰退持续两年或更久，则被视为"经济萧条"。

GDP）除以上一次 GDP 总量（通常转换为百分比）。增长率还能将 GDP 的比较标准化。如果我们需要比较英国 GDP 的增长率和美国 GDP 的增长率，两国经济规模的差距不会产生影响。

增长率很容易出错。如果测量结果存在误差（大多数的大规模测量都只能获得近似值，而不是精确值），那么增长率会大幅波动。媒体在寻找"好故事"时常常忽略这一点。有时候，犯罪率或报案次数下降 5% 可能只是偶然，但媒体却归因为治安变好。

增长率还必须考虑到周期性（通常是季节性）变化。企业在报告当季营业额时，通常会与上年同期相比，而不仅仅是上一季度。

出于同样的原因，通货膨胀率并不是根据当月价格指数的增长，而是根据上一年价格指数的增长计算。某个月物价的急剧上涨会影响其他十一个月的通货膨胀率。实际上，某月通货膨胀率并没有太大新闻价值，年度通货膨胀率更有意义。

你们施行审判，不可行不义。在尺、秤、升、斗上也是如此，要用公道天平、公道法码、公道升斗、公道秤。

——《利未记》

下列哪个物体质量最大？

☐ 空客 A380 客机（最大起飞重量）
☐ 自由女神像
☐ M1 艾布拉姆斯坦克
☐ 国际空间站

历史的重量

如果说距离是最重要的测量对象，那么排在第二位的就是质量。[①] 同距离测量一样，质量测量也源于日常生活。重量、称重与贸易之间存在着深远的联系。因此，在世界许多地方，最早的基本质量单位都是"格令"（grain，本意为"谷物"）。在英国，它

---

① 我仅在这条脚注对"质量"与"重量"进行区分。质量乃物体的内在属性，而重量指作用在该物体上的引力。本书将使用质量，固定搭配或文字游戏等特殊情况下例外。质量没有约定俗成的动宾搭配，重量则有测重、称重。

指一粒大麦的重量。测量金、银时，人们会使用另一标准单位——克拉（carat），它原指一粒角豆的重量。

格令同时为三种质量单位体系的最基本单位——金衡制、常衡制与药衡制。

金衡制中，24 格令为 1 英钱（pennyweight，又称本尼维特），20 英钱为 1 盎司（源自拉丁语 unica，意为 1/20），① 12 盎司为 1 磅，也是 5 760 格令。②

常衡制（本意为"货物重量"）经历了多次演变。最初，1 磅为 16 盎司，1 盎司 = 437 格令③。该系统还引入了单位"石"（stone），大概因为石头是一种随处可见的质量参照物。1 石为 14 磅，26 石为 1 乌尔萨克/萨克（woolsack/sack，本意为"羊毛袋或者袋"），8 石为 1 担（hundredweight，112 磅），20 担为 1 吨。

随着常衡制日益普及，药衡制的使用范围不断缩小。20 格令为 1 吩（scruple），3 吩为 1 打兰（drachm 或 dram），8 打兰为 1 盎司，12 盎司为 1 磅。

金衡制、常衡制与药衡制都从格令出发，最终通过不同换算法则到达磅。磅（pound）米源于拉丁词组 libra pondo，意为"1 磅的重量"。

后来，它变成了英语以及其他许多欧洲语言中的磅（货币或质量单位）。法语 livre，意大利语货币单位 lira、质量单位 libbra 等都源自拉丁语 libra。英语依然在使用 libra 的缩写，lb 代表质量、£ 代表货币。此外，libra 还有"天平"的意思，可以指天秤座，④ 乃黄道星座之一。

---

① 英寸（inch）也源自 unica，还记得吗？

② 240 英钱为 1 磅（重量单位），240 便士为 1 镑（货币单位），但是中间单位（重量单位盎司、货币单位先令）的换算方法则不同。

③ 我知道"437"这个数字很奇怪。

④ 其实质量与重量还有一种区分方式。天平的测量对象是质量而不是重量，它将称重物与基准质量进行比较。弹簧秤的测量对象才是重量，弹簧的拉伸程度表示物体受到的地心引力大小。

蒲式耳这个计量单位挺奇怪，它有时表示体积、有时表示容积、有时又表示质量（大于磅小于吨）。美制中，蒲式耳代表的质量也不固定。称重物不同，1 蒲式耳代表的质量也不同。例如，1 蒲式耳大麦为 48 磅，但是 1 蒲式耳发芽的大麦为 34 磅，这里都作质量单位，不作体积单位。

古代度量

质量和金钱存在明显的联系：一定质量的贵金属具有一定量的价值。《圣经》中有个货币单位叫"塔兰同"（talent），它本身与质量有关。在古希腊，塔兰同指一个细颈瓶的容水质量，约 26 千克。1 塔兰同银子可以支付 200 名士兵一个月的工资，1 塔兰同金子是一笔巨大的财富。1 塔兰同为 60 弥那（mina），1 弥那为 60 舍客勒（shekel）。

在《圣经》中伯沙撒王的盛宴上，哲学家旦以理阐释了墙上的文字"Mene, mene, teqel, u-farsin"，字面意思为"算出了、算出了、称出了、分裂"。teqel 与 shekel 同源，意思是"称重"。1 舍客勒为 180 格令。shekel 一词流传至今，它现在是以色列的货币单位。

因此，我们可以清楚地看到货币、质量、贸易之间的紧密关系。

从格令到克

法国大革命后，质量衡制与长度衡制都经历了重大变革，公制登上历史舞台。质量的测量反映了那个时代"以人为本"的理念。为了建立与长度单位体系相匹配的质量单位体系，法国政府将 4℃下（此温度下水的密度达到最大）1 升水（10 厘米×10 厘米×10

厘米）的质量定为标准质量，称为"千克"①。他们还制作了一块黄铜作为质量参照物。1/1 000 千克（1 厘米×1 厘米×1 厘米的冷水）等于 1 克。不同于国际单位制中的其他单位，千克的定义仍然以实体作参照物，1 千克为 1 单位铂铱合金的质量。②

国际单位制中，公吨（tonne 或 ton，简称吨③）还不算正式单位，但我们可以将它视为"编外成员"。人们常用它去测量质量较大的物体（如货物）。1 吨为 1 000 千克。1 吨有多大？它等于边长 1 米的正方体盛满水。我们也可以视觉化一个更大的物体。假设有个游泳池长 6 米，宽 4 米，高度从 1 米均匀加深到 2 米，那么它能装下 36 吨的水。

我们还可以想象三个装满水的正方体。如果它们的边长分别为 1 厘米、10 厘米、1 米，即依次扩大九倍，那么它们分别能装 1 克、1 千克、1 吨的水。当正方体的边长变为原来的 10 倍，那么它的容积（装满水或其他液体）将变成原来的 1 000 倍。这就是平方立方定律。④

他不重，他是我兄弟

成年人最多可以搬动多重的物体？英国航空公司规定托运行李不能超过 23 千克，这就是一个健康的成年人可以搬动的重量。根

① 法国政府给这个单位取名字时并没有按照法语词根法相关规定来，而是采用了千+克（klio+gram）的合成方式，这样其实更直观。

② 国际单位制计划根据普朗克常数重新定义千克，将不再使用实际物体作为参考。

③ 现在的吨多为公吨。我上学那会儿，吨还只是个英制单位，那时 1 吨等于 2 240 磅。

④ 如果正方体边长依次缩小，这个定律仍然成立。边长 1 厘米、体积 1 立方厘米的正方体可以装 1 毫升水，重 1 克。边长 1 毫米、体积 1 立方毫米的正方体可以装 1 微升水，重 1 毫克，为之前的 1/1 000，相当于一只跳蚤那么大。如果边长继续缩小到 1/10 毫米（相当于头发丝宽），那么它能装 1 微克水，肉眼仍然可见。（1 克 = 1 000 毫克 = 100 万微克）

据英国《健康与安全准则》，成年人搬起至腰部高度的物体最好不要超过 25 千克，背包重量也是这个标准。

其实，我们能搬起的最大重量取决于重量的分布。搭人梯时 A 踩在 B 的肩膀上，A 必须将自己的重心保持在 B 的中轴线上，这样才能踩稳。在喜马拉雅山做向导或挑夫的夏尔巴人会将货物顶在额头，以使其重心更加接近身体中轴线。采用这种技巧，他们最多可以扛起 50 千克的东西，有时这个数字会超过他们的体重。

再来看看举重。2004 年奥运会上，伊朗运动员侯赛因·拉扎扎德成功举起 263 千克，接近夏尔巴人的 5 倍，相当于四名成年人的体重。但我们需要注意，举重为瞬时托举而不是扛运。

> **基准数字**
> 成年人能用双手提起的最大重量为 25 千克。

生活中的质量

如果将物体都想象为正方体，那么边长的微小改变会引起质量的巨大变化，因此我们很容易低估大物体的质量、高估小物体的质量，这都是因为平方立方定律。以动物为例，我们来看看它们的质量等式：

小鼠的质量（约 20 克）＝1/10 大鼠的质量（约 200 克）＝1/10 兔子的质量（约 2 千克）＝1/10 中型犬的质量（约 20 千克）＝1/10 驴的质量（约 200 千克）＝1/10 犀牛的质量（约 2 吨）。

犀牛的质量是小鼠的 10 万倍，但就体长而言，犀牛仅是小鼠的 50 倍（犀牛体长约 4 米，小鼠约 80 毫米）。[1]

以下是一些人工制品的质量，希望它们能帮助大家感受质量、

---

[1] 根据平方立方定律，如果两个物体的质量比为 1∶100 000，那它们的长度比仅约 46.4。这个比值很实用，它能帮助我们粗略比较两个物体的质量与大小。

建立参考系。我们先从 1 克重的小物体开始：

- 2 个回形针约 1 克。
- iPhone 6 约 170 克，iPhone 7 约 138 克。
- iPad Air 2 约 437 克。
- MacBook 笔记本电脑约 900 克。
- 微波炉约 18 千克。
- 普通家用洗衣机约 70 千克。
- 摩托车约 200 千克。
- 乘用车为 800~1 500 千克；塞斯纳 172 型轻型飞机仅约 998 千克。
- 小型房车约 3 500 千克。①
- 中型卡车约 1 万千克，即 10 吨。
- 湾流 G550 飞机约 2.2 万千克。
- 波音 737-800 喷气式飞机（无载重情况下）约 4 万千克。②
- 国际空间站约 42 千克。
- 空中客车 A380plus 最大起飞重量约 57.8 万千克。
- 泰坦尼克号为 5 200 万千克。
- 超级航母约 6 400 万千克。
- 海洋和谐号（世界最大游轮）约 2.27 亿千克。

结构固定、不能移动的物体质量更大：

- 建筑用砖约为 2 千克。
- 埃菲尔铁塔约为 730 万千克。
- 布鲁克林大桥约为 1 330 万千克。
- 帝国大厦约为 3.31 亿千克。
- 哈利法塔③约为 5 亿千克。
- 胡夫金字塔约为 59 亿千克。

---

① 无须特殊车辆驾驶证就可以在英国道路上行驶的最重房车。
② 波音公司一共交付了 4 000 多架该型号飞机。
③ 哈利法塔是目前（2017 年）世界上最高建筑。

为什么胡夫金字塔比摩天大楼重很多？因为金字塔实际上就是一块实心巨石。

金刚有多重

说起帝国大厦，我不禁想起巨猿金刚。它站在摩天大楼上伸出巨大的双手，一手抓着女主菲伊·雷、一手抓着一架双翼飞机。金刚的手有多大？

在互联网电影资料库 IMDb 中，我找到了 1933 年版《金刚》的一些尺寸比例。随着场景的变化，金刚的大小也在改变。官方宣传称金刚高 15.24 米，然而它在丛林中的居住洞穴只能容纳高约 5.5 米的野兽。如果根据手部特写镜头按比例推算金刚的高度，则约为 12.2 米。但如果根据纽约的场景按比例推算，则仅约为 7.32 米。我是因为帝国大厦才聊到金刚，那不如就以 7.32 米为准。

如果以大猩猩的身高/体重比为参照，我们可以根据平方立方定律推算出金刚的重量。大猩猩高约 1.8 米，重约 230 千克。金刚的身高约是它的 4 倍，根据比例系数 67.25，可以计算出金刚接近 1.55 万千克。这个数字约为大象体重的 3 倍，合理吗？我认为很合理。金刚手中的双翼飞机为寇蒂斯公司生产的"地狱俯冲者 O2C-2"，仅 2 000 千克，是金刚体重的 1/8，因此它完全不是金刚的对手。但是飞机上的机枪手一直朝金刚开火，它最终无法招架从 381 米高（约为金刚身高的 52 倍）的大厦摔倒地面。金刚的质量才不到帝国大厦的 1/20 000，可谓是小巫见大巫了。

万物既伟大又渺小

10 万千克	蓝鲸——110 吨
5 万千克	北大西洋露脊鲸——54 吨
2 万千克	座头鲸——29 吨

1 万千克	小须鲸——7.5 吨
5 000 千克	非洲丛林象——5 吨
2 000 千克	白犀牛——2 吨
1 000 千克	长颈鹿——1 吨
500 千克	北极熊——475 千克
200 千克	宽吻海豚——200 千克
	赤鹿——200 千克
100 千克	驯鹿——100 千克
	疣猪——100 千克
50 千克	红袋鼠——55 千克
	雪豹——50 千克
20 千克	汤氏瞪羚——25 千克
	非洲豪猪——20 千克
10 千克	蜜獾——10 千克
5 千克	黑吼猴——5 千克
2 千克	中国穿山甲——2 千克
1 千克	印度果蝠——1 千克

其实地球上最大的生物不是动物而是一种真菌。它生长于美国俄勒冈州的蓝山山脉，蓝鲸和红杉树在它面前也相形见绌。它就是奥氏蜜环菌，生长在地下，延伸面积达 9.6 平方公里。它的年龄在 1 900~8 650 岁，质量约为 500 吨，相当于五只蓝鲸。

沉浮

物体掉入水中后会上浮还是下沉？这完全取决于物体的平均密度是大于还是小于水的平均密度。

上学时我们可能都遇到过这个问题，"一吨棉花和一吨铁，哪个更重？"尽管两者的质量相同，但人们总感觉铁更重，这是因为铁的密度更大。如果两个物体体积相同，那么密度越大质量就越大。密度到底是什么呢？我们对密度的感觉可能很缥缈，但它确实存在。密度是一个复合度量，它等于质量与体积的比值，例如千克/立方米。

物体具有密度，物质同样具有密度。苹果的密度为 0.75 克/立方厘米，纯金的密度为 19.3 克/立方厘米。密度是复合单位，与金的形状、体积无关，它只是质量与体积的比值。[1] 密度是物质的内在属性，不受质量影响。在讨论质量的时候我们提到过千克的定义，即 4℃下（此时水的密度最大）1 升水的质量。这也是一个很不错的基准数字。

> **基准数字**
>
> 水的密度为 1 千克/立方分米，或 1 千克/升、1 吨/立方米、1 克/立方厘米。

通过比较物体的密度和水的密度，我们可以判断它会上浮还是下沉。当物体进入水中后，它排开的水会产生向上的力——浮力，它的大小等于排开液体的重力。

如果物体的密度大于水，比如铁炮弹，由于浮力太小不足以抵消物体的重力，物体会下沉。[2] 如果物体的密度小于水，比如苹果，它会先下沉直到排开水的重力与该物体的重力持平。如果换成沙滩球，它就能浮在水面上。

冰山的密度约是海水的 90%（海水的密度比淡水高 2.5%）。冰山要实现漂浮就得排出与它质量相等的海水，所以冰山的 1/10 在海面之上。

刚砍下来的巴尔杉树的密度略小于水，基本无法漂浮。但若要放上两周，它的密度就只有水的 16%，漂浮轻轻松松。为了验证

---

[1] 很有趣，这又是一次思维上的飞跃。我们的思维不仅能理解物质的具象属性，也能理解这样半抽象的属性。

[2] 这就是阿基米德原理，后文还会讨论更多。

迁徙理论，托尔·海德尔达尔驾驶一艘巴尔杉木筏（康提基号）横渡半个太平洋。但有些木材的密度比水大，例如乌木和愈创木，它们入水后会下沉。

人体的平均密度每时每刻都在变化，连呼吸都能影响密度。人体的密度约等于水。如果我们肺部没有空气，无论是在淡水还是咸水中身体都会下沉。如果肺部储存了少量空气，我们可以漂浮在咸水上，若遇淡水还是会下沉。如果我们大吸一口气，也有可能漂浮在淡水上。以色列死海的盐度极高，密度比淡水高出24%，因此每个人都可以轻松漂浮在咸咸的死海上。

烈酒度数

今天我们采用酒精占液体体积百分比（ABV）表示酒精浓度。一般而言，啤酒为5%、葡萄酒为10%～15%、杜松子酒可能为40%～50%。但我们经常听到有人说"纯度70%"，如果要较真，这种说法其实是错的！

纯度（proof）也是一种酒饮度数单位，至少在英国是这样。但它以密度为基础而不是酒精占比，因此它不应该带百分号，"纯度70%"不正确。[①]

酒饮具有较大的商业价值，因此交税也多，数个世纪以来都是这样。征税时，税务人员不仅需要测量酒的数量，还需要测量它的度数。旧时英国海军发明了一种方法，他们先将白酒与少量炸药混合然后观察混合物是否能燃烧。若不能，那么酒中掺了水，度数"未达标"。若能，度数则"达标"或者"超标"。如此一来，烈酒就有了判断标准。

但"达标"或"超标"太粗略，它们不能满足精准计税的要

---

① 纯度起源于英国并且沿用至今。我觉得纯度的用途并不大，最多让人们炫耀一下"这杯酒纯度大于100"。

求。此外，"点燃测试"不适用于啤酒（因为啤酒永远无法燃烧），因此税务人员亟须找到新的测量方法。由于酒精密度小于水（约为水的79%），[①] 通过测量酒饮密度我们就可以建立一把标尺，它将密度与含酒精量联系起来。纯度100的酒饮其密度为水的12/13。这把标尺被称为比重计，外观接近温度计，上边标有刻度，一端连着砝码。税务人员先将比重计放入酒饮，然后通过观察它的沉浮情况就可以判断酒精含量。酒饮密度越小（酒精含量越高），比重计下沉幅度就越大（也就是说比重计更重）。虽然比重计上的刻度为纯度，但它实际上测量的是密度。通过读取刻度数，税务人员就可以确定酒精含量，从而实现精准计税。

以下是一些液体的密度：

- 酒精——790千克/立方米
- 橄榄油——800~900千克/立方米
- 原油——不固定，但约为870千克/立方米
- 淡水——1 000千克/立方米
- 海水——1 022千克/立方米
- 盐水——1 230千克/立方米（接近死海盐度）

船舶侧面有一条标记线，称为普利姆索尔线（载重线）[②]，它可以防止船舶超载。实际上，船舶的浮力会随着水域的变化而变化，因此普利姆索尔线需要综合考虑多种因素，如海水、淡水及水温。

我们再来看看其他物质的密度吧。轻质混凝土的密度相对较小，金属的密度远大于岩石，轻金属铝和花岗岩的密度很接近，这些数据让我非常震惊。

---

① 酒精和水混合时会损失一些体积（50∶50混合时体积损失约4%），这加大了计算的难度。

② 以英国政治家塞缪尔·普利姆索尔的名字命名。19世纪70年代，他敦促英国议会通过了"普利姆索尔线"的立法。网球鞋或滑板鞋的侧面也有一条线，类似船舶的载重线，因此它们也叫"普利姆索尔鞋"。

- 轻质混凝土——1 500 千克/立方米

- 石灰石——2 500 千克/立方米

- 铝——2 720 千克/立方米

- 花岗岩——2 750 千克/立方米

- 铁——7 850 千克/立方米

- 铜——8 940 千克/立方米

- 银——1.049 万千克/立方米

- 铅——1.134 万千克/立方米

- 金——1.93 万千克/立方米

- 铂金——2.145 万千克/立方米

阿基米德为什么要离开浴缸

阿基米德大喊道"我找到了"，随后跳出浴缸，衣服都没穿就跑出家门，这个故事耳熟能详。阿基米德到底发现了什么？它重要吗？

阿基米德发现泡澡时水不仅会上升，可能还会溢出浴缸。他想到人们可以利用这种现象进行精准测量。先将容器装满水，再将物体放进去，溢出的水（或排开的水）的体积就等于物体的体积。当时已经有工具可以测量规则形状的物体体积了，但人们对不规则形状的物体束手无策，阿基米德的方法可以解决这个问题。

原来锡拉丘兹国王希罗给阿基米德出了一个难题——皇冠是否为纯金，金匠是否掺了银。现在这个问题可以迎刃而解。

密度表中，金的密度接近银的两倍。由于差距比较大，阿基米德并不需要进行非常精确的计算。即便金匠只用银替代了 1/4 黄金，但皇冠的体积会增加 21%。如此明显的差异肯定躲不开阿基米德的眼睛。

什么物体重 1 吨

1 克至 1 千克

1 克	1 日元硬币的质量——1 克
2 克	1 美分硬币的质量——2.5 克
5 克	25 美分硬币的质量——5 克
10 克	1 英镑硬币的质量——9.5 克
20 克	老鼠的质量——17 克
50 克	最大高尔夫球的质量——45.9 克
100 克	1 号电池的质量——135 克
200 克	iPhone 6 的质量——170 克
500 克	iPad Air 的质量——500 克
1 千克	中等大小菠萝的质量——900 克

1 千克至 1 000 千克（1 吨）

1 千克	人类大脑的平均质量——1.35 千克
2 千克	1 块砖的质量——2.9 千克
5 千克	成年雄性暹罗猫的质量——5.9 千克
10 千克	大西瓜的质量——10 千克
20 千克	最大冰壶的质量——20 千克
50 千克	轻量级专业拳击手的最大质量——50.8 千克
100 千克	鸵鸟的质量——110 千克
200 千克	摩托车的质量——200 千克
500 千克	成年纯种赛马的质量——570 千克
1 000 千克	塞斯纳 172 飞机的质量——998 千克

1 000 千克至 100 万千克（1 吨至 1 000 吨）

1 000 千克	载弹 MQ-1 "捕食者" 军用无人机的质

量——1 020 千克

2 000 千克	成年雄海象的质量——2 000 千克
5 000 千克	成年雄性非洲象的质量——5 350 千克
1 万千克	阿波罗登月着陆器的质量——1.52 万千克
2 万千克	阿波罗登月飞船的质量——2.88 万千克
5 万千克	湾流 G650 飞机的质量——4.54 万千克
10 万千克	M1 艾布拉姆斯坦克的质量——6.2 万千克
20 万千克	蓝鲸的质量——19 万千克
50 万千克	美国太空探索技术公司 SpaceX "猎鹰 9 号" 火箭的质量——54.2 万千克
100 万千克	最大红杉树的质量——120 万千克

100 万千克（1 000 吨）以上

200 万千克	奥运会游泳池容水质量（最小深度2米）——250 万千克
500 万千克	地球轨道上的太空碎片质量——550 万千克
1 000 万千克	布鲁克林大桥的质量——1 332 万千克
2 000 万千克	2014 年全世界银的产量——2 600 万千克
5 000 万千克	泰坦尼克号的质量——5 200 万千克
1 亿千克	超级航母的质量——6 400 万千克
2 亿千克	帝国大厦的质量——3.31 亿千克
5 亿千克	TI 级超级油轮的载油量——5.18 亿千克
10 亿千克	金门大桥的质量——8.05 亿千克
20 亿千克	胡佛水坝容水质量——24.8 亿千克
50 亿千克	吉萨大金字塔的质量——59 亿千克
100 亿千克	巴特米尔湖（英格兰湖区）容水质量——150 亿千克
200 亿千克	巴森维特湖（英格兰湖区）容水质量——280 亿千克

500 亿千克	霍斯沃特水库容水质量（英格兰湖区）——850 亿千克
1 000 亿千克	拉特兰湖容水质量——1 240 亿千克
2 000 亿千克	伦敦水库容水质量——2 000 亿千克
5 000 亿千克	地球人口的总质量——3 580 亿千克
1 万亿千克	地球陆地哺乳动物的总质量——1.3 万亿千克
2 万亿千克	2014 年世界钢铁产量——1.665 万亿千克
5 万亿千克	2009 年世界原油产量——4 万亿千克
10 万亿千克	2013 年世界煤炭产量——7.82 万亿千克 67P/丘留莫夫—格拉西缅科彗星（罗塞塔彗星）的质量——10 万亿千克
20 万亿千克	美国佩克堡大坝容水质量——23 万亿千克
100 万亿千克	日内瓦湖容水质量—89 万亿千克
200 万亿千克	哈雷彗星的质量——220 万亿千克
500 万亿千克	地球生物的总质量——560 万亿千克
1 000 万亿千克	大气层中碳的质量——720 万亿千克
2 000 万亿千克	火卫二（火星的卫星）的质量——2 000 万亿千克
5 000 万亿千克	世界上煤层中碳的储量——3 200 万亿千克
10 000 万亿千克	火卫一（火星的卫星）的质量——10 800 万亿千克
20 000 万亿千克	北美五大湖容水质量——22 700 万亿千克

实在太重！

地球的质量（$5.97×10^{24}$ 千克）约为

   40×木卫三的质量（木星的卫星，$1.482×10^{23}$ 千克）。

成年雄性长颈鹿的质量（2 500 千克）约为

   40×人类平均质量（62 千克）。

湾流 G650 飞机的质量（4.54 万千克）约为

   100×钢琴的质量（450 千克）。

犀牛的质量（2 300 千克）约为

   4×纯种赛马的质量（570 千克）。

低音提琴的质量（10 千克）为

   25×小提琴的质量（400 克）。

2014 年世界钢铁产量（1.665 万亿千克）约为

   5 000×帝国大厦的质量（3.31 亿千克）。

一块砖的质量（2.9 千克）为

   500×一支钢笔的质量（5.8 克）。

TI 级超级油轮的载油量（5.18 亿千克）约为

   10×泰坦尼克号的质量（5 200 万千克）。

赋予速度以价值

下列哪个速度最快？

☐ 人力飞机的最大速度
☐ 长颈鹿的最大速度
☐ 人力船的最大速度
☐ 大白鲸的最大速度

蓝丝带奖

1952 年 7 月 15 日，"SS 美国号"客轮到达安布罗斯灯塔（位于纽约湾的一座浮动灯塔）。它以 34.51 节的平均速度行驶，花费 3 天 12 小时 12 分钟横渡大西洋。作为西渡北大西洋的最快商业客轮，它获得了"蓝丝带奖"这个殊荣。"SS 美国号"打破了"玛丽王后号"保持了长达 14 年的纪录。严格意义上说，它是最后荣获"蓝丝带奖"的客轮。

过去 115 年中，各大客轮公司对"蓝丝带奖"趋之若鹜，正是看中了它对客源的巨大吸引力。获得"蓝丝带奖"的船只以豪华著称，在大西洋这条航线上赚取了高额收益。与此同时，技术进步让客轮速度越来越快，从一开始的 8.5 节（约 16 千米/小时）增至 30 节以上，横渡时间从大约 2 周缩短到半周。

然而，商业竞争的加剧催生了新的交通方式，为"蓝丝带奖"的争夺画上了句号。1927 年，查尔斯·林德伯格驾驶飞机飞越了大西洋。1938 年，第一架商用飞机也完成飞越。1939 年，泛美航空公司开通了从纽约到法国马赛的定期航班，并于同年开通飞往英国南安普敦的航线。当时的飞行时长约 30 小时。

第二次世界大战后的 1947 年，泛美航空公司开通了纽约和伦敦之间的定期航线，这标志着"蓝丝带奖"竞争的结束。

有钱人可以用半天时间飞越大西洋。相比之下，3 天半的海上航行实在太费时。出于商业目的，"蓝丝带奖"将颁奖对象改为航空公司。即便如此，人们仍没有忘记这个奖项。截至目前，"峡湾猫号"（Fjord Cat，前身为 Cat-Link V 号）为商业客轮穿越北大西洋最快纪录保持者。它于 1998 年自西向东穿越大西洋，耗时 2 天 20 小时 9 分钟，平均速度为 41.3 节（76.5 千米/小时）。

> **基准数字**
> 客轮的最大速度为 64 千米/小时。

测量速度

速度让我们叹为观止。博尔特在奥运会赛道上飞奔而过；"寻血猎犬 SSC 号"超音速汽车向陆地最快速度发起挑战；安迪·穆雷的网球发球速度……我们见证着越来越快的速度以及越来越伟大的成就。我们总是说"时间就是金钱"，因此速度也被赋予了价值。上文提到的"蓝丝带奖"体现了"速度"就是"进步"。

速度是一个复合度量单位。我们首先测量空间（距离），然后用它除以时间（覆盖该段距离所需的时间）。任何一个度量除以时间都会变成比率，此处为速度。打印机的速度可以用每分钟打印张数表示，数据传输的速度可以用每秒传输比特数表示，鼓手的击鼓速度可以用每分钟敲击次数表示。"世界最快鼓手竞赛"① 诞生了一个又一个神速鼓手。

这一章节我们将关注速度的基本含义——单位时间内覆盖的距离。

不同速度单位有一个相同的格式——单位距离/单位时间，但也有例外。"蓝丝带奖"中的速度单位为"节"，它是航海专用速率单位。为什么是航海专用呢？过去几个世纪，如果要测量船舶航行（相对于水流）速度，可以向水中扔一块木头，木头一端用绳子与船尾相连，船向前行驶，木头则相对静止。绳子每间隔 8 英寻打一个节，绳子丢出去 30 秒后，船员会计算一共拖出去几个节。节的数量代表了船的速度，单位"节"由此而来。计算节数与时间的关系便可得知：在 1 小时内以 1 节速度航行可以覆盖 1 海里。②③ 通过这个例子，我们可以清楚地看到速度是两个数量——节数与时间——的比值。

风速

英国广播公司四台经常广播航海天气预报。播音员会播报英国周边 31 个海域的数据，从最东北的"维京"到最西北的"冰岛东南部"。你能经常听到这样的表达：维京、于特西拉北部和南部，东南风，风力从 4~5 级加大至 6~7 级，后转南风4~5 级，阵雨，大雾转小雾或消散。

航海天气预报的要素包括：海域（如维京、于特西拉北部和南部）、风、降水、能见度。其中，风还包括风向（如"东南

---

① 目前记录：手打鼓最快 1 208 次/分钟，脚打鼓 1 034 次/分钟。

② 海里的定义以纬线为基础。如果向正南或正北跨越一个纬度，所覆盖距离就是 60 海里。所以 1 海里＝极点到赤道距离的 1/60×1/90，即 1/5 400。然而，最初 1 千米的定义为极点到赤道距离的 1/10 000，也就是说 1 海里小于2 千米。

③ 轮船的航海日志会记录其航行速度。

风"）和风速（"4~5级"）。"风力从4~5级加大至6~7级"，强度变化究竟有多大？

1805年，弗朗西斯·蒲福拟定了风力等级，希望规范风速测量。在HMS伍尔维奇号的航行中，蒲福风力等级第一次投入实践。有意思的是，达尔文当时也在船上。蒲福的风力等级建立在观察之上，他并未进行精准测量。现在每一个风力等级都对应着具体风速。

蒲福的风力等级如下表所示。

风级	海面情况	速度	
		（节）	（千米/小时）
0. 无风	海面如镜	<1	<1
1. 弱风	鳞状波纹，无泡沫	1~3	1~5
2. 轻风	连续微波	4~6	6~11
3. 微风	小波，波峰偶泛白沫	7~10	12~19
4. 和风	小波，波峰断裂	11~16	20~28
5. 清风	中浪，偶见浪花	17~21	29~38
6. 强风	大浪，白沫范围增大，浪花渐起	22~27	39~49
7. 疾风	海面涌突，条形泡沫出现	28~33	50~61
8. 大风	巨浪渐升，浪花明显	34~40	62~74
9. 烈风	高浪滔天，波峰翻滚，浪花能见度降低	41~47	75~88
10. 暴风	猛浪翻腾，波峰高耸浪花白沫堆集，海面一片白浪	48~55	89~102
11. 狂风	高浪汹涌，成片泡沫覆盖海面	56~63	103~117
12. 飓风	骇浪滔天，空中充满浪花白沫	64+	118+

基准数字

大风约为60千米/小时。

暴风约为90千米/小时。

飓风约为120千米/小时。

根据定义，当风速超过 64 节（118 千米/小时）即为飓风，它还能进一步细分。1971 年，赫伯特·萨菲尔和罗伯特·辛普森基于风速对飓风进行了分类，如下表所示。

级别	潜在危害	速度	
		（节）	（千米/小时）
1	造成一定危害，房顶砖瓦脱落	64~82	118~153
2	造成巨大危害	83~95	154~177
3	造成严重危害，小型建筑结构受损	96~112	178~208
4	造成灾难性危害，小型建筑结构坍塌	113~136	209~251
5	造成灾难性危害，所有建筑不同程度受损	137+	252+

限速

当年英国建造铁路时，人们担心过高的速度会危害健康。他们认为身体能承受的最大速度是 50 英里/小时。的确，速度越快事故造成的损害就越大，因此公路、铁路都有限速。然而不仅人类会限制速度，自然界也会限制速度。

声音指物体振动产生的声波，它通过介质（通常是空气）传播，传播速度取决于介质的属性。量词"马赫"以音速为基础去测量物体的速度。马赫数不带单位，它等于物体（通常是飞机，但也可以是试图打破陆地极速的汽车）移动速度与同一环境中音速的比值。一般情况下音速为 1 236 千米/小时，但它会随温度和海拔的变化而变化。1 马时，物体移动的速度等于音速。正因为马赫数是一个比值，所以 1 马时的具体速度并不固定。

据我们所知，有一种速度永远无法被超越，那就是光速。① 爱因斯坦告诉我们，虽然物体能以接近光速的速度运动，但它难以

---

① 更准确地说，是真空中的光速。和音速一样，光速也会随传播介质的变化而变化。真空环境中的光速最高。

超越光速。无论外力有多大，物体都不能进行超光速运动。光速是天然的速度单位，它一直存在于自然界，不需要任何前提条件，也不需要我们去定义它。

基准数字

音速为 1 236 千米/小时。

光速为 10.8 亿千米/小时，3 亿米/秒。

蓝之鸟、蓝鸟和寻血猎犬

1924 年，在威尔士南海岸卡马森海湾彭代恩沙滩上，麦尔肯·坎贝尔驾驶着 Sunbean 汽车以 235 千米/小时的速度打破了当时陆地速度纪录。后来，他不断创造陆地、水上极速。他驾驶的每辆车、每艘船都被称为"蓝之鸟"（Blue Birds）。1935 年，在犹他州的博纳维尔盐滩，他以 485 千米/小时的速度最后一次打破纪录。

他的儿子唐纳德·坎贝尔继承了父亲的事业。1964 年 7 月，他驾驶"蓝鸟 CN7 号"（Bluebirds）以 648.73 千米/小时的速度创造了新的世界陆地极速。① 同年 12 月 31 日，他开着"蓝鸟 K7 号"以 444.71 千米/小时的速度创造了世界水上极速。

1967 年 1 月 4 日，唐纳德·坎贝尔驾驶"蓝鸟 K7 号"行驶在英国湖区康尼斯顿水面上。他想将速度提高到 480 千米/小时，结果发生事故不幸身亡。2000 年 10 月至 2001 年 5 月间，坎贝尔的尸体和那艘船的残骸才被找到。

1997 年 10 月，安迪·格林驾驶"超音速推进号"创造了 1 228 千米/小时的世界陆地极速（行程 1 英里）。2018 年 10 月，

---

① 麦尔肯·坎贝尔的车、船叫"Blue Birds"，而唐纳德·坎贝尔的叫"Blue-Birds"，前者比后者只多了一个空格。

格林计划带着"寻血猎犬 SSC 号"发起新的挑战，该车由喷气和火箭驱动，它的使命是达到 1 690 千米/小时。

> **基准数字**
>
> 世界陆地极速为 1 228 千米/小时。

终端速度

物体下落时一方面受引力作用会不断加速，另一方面也会受到空气阻力这个反作用力的影响。物体的重力基本不会改变（与质量成正比），但空气阻力会发生改变，因为它与物体表面积、在空气中运动速度的平方成正比。下落过程中，物体向下的重力不会改变，但向上的阻力会不断变大，因此加速度会不断降低。随着时间的推移，下落的物体会接近极限速度，向上和向下的力相互平衡，速度不再增加。这就是物体下落时的"终端速度"，它取决于空气的密度和物体在空气中的横截面积。

据说，从帝国大厦落下的一枚硬币能让人丧命。其实这是谣传，造成伤害不假，致命倒不至于。一枚硬币下落时的终端速度约 100 千米/小时，它虽能造成瘀伤，但不会夺人性命。

跳伞时，如果我们展开四肢自由落体，大约 12 秒后终端速度将接近 200 千米/小时。如果我们收起四肢，那么暴露在空气中的身体面积就会减少，终端速度可以达到 300 千米/小时左右。如果我们拼尽全力减小空气阻力，那么时速可达 500 千米以上。一旦我们打开降落伞，巨大的伞面会使终端速度降低至 20 千米/小时左右，这样我们才能安全着陆。

> **基准数字**
>
> 一枚硬币的终端速度为 100 千米/小时。
>
> 跳伞者的终端速度为 200 千米/小时。

逃逸速度

逃逸速度指物体（也可以是月球等天体）摆脱地心引力所需的向上速度。物体距离地球越远，受到的引力就越小。如果物体向上的速度小于逃逸速度，它最终会落到地面，只有大于逃逸速度才能摆脱引力。

要摆脱地心引力，物体的速度需达 11.2 千米/秒左右(4 万千米/小时)[1]。月球的引力比地球小，摆脱月球只需8 600千米/小时左右。

> **基准数字**
> 逃逸地球的速度为 4 万千米/小时。

轨道速度

火箭要成功将卫星发射到地球轨道或者将宇航员送到国际空间站就必须满足两个要求：第一，发射速度要达到一定标准，这样才能到达预定轨道；第二，绕轨速度也要达到一定标准，这样才能防止脱轨。

近地轨道距离地球 200 千米（国际空间站的一半），轨道速度须达到 2.8 万千米/小时。[2] 对地静止轨道（电视卫星运行轨道）距离地球 3.6 万千米左右，轨道速度要求更低，达到1.116 万千米/小时即可。

---

[1] 这个数字眼熟吗？赤道周长约 4 万千米，所以逃逸速度相当于 1 小时内绕地球 1 圈的速度。

[2] 国际空间站距离地球 400 千米，轨道速度为 2.76 万千米/小时。

> **基准数字**
> 电视卫星的速度为 1.116 万千米/小时。

越来越快

速度数字阶梯：

- 蜗牛的速度——约 10 米/小时，即 0.01 千米/小时

- 乌龟的速度——0.5~1 千米/小时

- 舒适的步行速度——5 千米/小时

- （截至 2016 年）世界上跑得最快的人是博尔特——44.7 千米/小时（2009 年，他在 100 米短跑中第 60 米至第 80 米段创造了这一速度，打破了世界纪录）

- 马的奔跑速度——大于等于 45 千米/小时[①]

- 路况良好的情况下，汽车的行驶速度——100 千米/小时

- 日本子弹头列车的速度——320 千米/小时

- 法国 TGV 高铁的速度——320 千米/小时（测试速度达 570 千米/小时）

- 民航客机的飞行速度——850 千米/小时

- 世界陆地极速（截至本书撰写时间）——1 228 千米/小时，由"超音速推进号"创造

- 世界陆地极速（预计在 2018 年）——比上个纪录快 33%，预测由"寻血猎犬 SSC 号"创造

- 地球自转速度——1 675 千米/小时（即使我们静止不动，我们也会和地球同速自转）

---

① 美国西部著名的"驿马快信"只运营了 19 个月。它需要 10 天才能把信件送至 3 200 千米远的美国东部。电报的出现让驿马快信失去了存在的意义。随着商业的发展，信息传播速度越来越快，社会也在跟着进步。

- 协和式超音速飞机的速度——2 140 千米/小时
- 最快的军事/测试飞行速度——3 500 千米/小时
- 超人的飞行速度——5 000 千米/小时（超过子弹）
- 进入地球轨道的火箭速度——7.9 千米/秒或 2.844 万千米/小时
- 地球公转的速度——30 千米/秒或 10.7 万千米/小时（一年绕太阳公转的距离达 10 亿千米）
- 太阳在银河系中的移动速度——7 万千米/小时
- 太阳系绕银河系中心的旋转速度——79.2 万千米/小时（太阳系公转一周所需的时间被称作 1 银河年，约地球公转时间的 2.25 亿倍）
- 光速——10 亿千米/小时（宇宙最高）

科幻作品中的速度

我们都知道任何物体的运动速度都不能超过光速。如果比光速更快，爱因斯坦的狭义相对论就不成立了，现代物理学的根基将会崩塌（不一定是件坏事，毕竟科学正是在解释不可能的过程中发展的）。科学家们在进行 OPERA 实验时发现，当中微子传输于两个相隔 731 千米的实验室之间时，它的速度超越了光速（一个是欧洲核子研究协会实验室，位于法国—瑞士边境，另一个是意大利格兰萨索国家实验室）。研究人员质疑这一发现，于是发了一篇文章呼吁大家"帮忙找找问题出在哪了"。确实出了"问题"，研究人员的失误导致中微子传输速度发生异常。

目前人类还无法进行超光速旅行，它只存在于科幻作品中。电影《星际迷航》中的"曲速"到底有多快？星际迷航的粉丝们整理了现有证据，结果如下：

曲速 1 = 光速，大家对此毫无异议。《星际迷航：原初系列》及相关电影与《星际迷航：下一代》中都出现了曲速，但大家对于两部作品中曲速的大小产生了争议。在《星际迷航：原初系列》中，曲速 2 是光速的 8 倍、曲速 3 是光速的 27 倍。通过曲速我们也可以计算出"进取号"相对于光的速度。在之后的系列中，新技术的出现大大提高了曲速。曲速 2 变为光速的 10 倍，曲速 3 是光速的 39 倍，曲速 10 为无限大。以上就是曲速和光速的关系。

全速前进

螺旋桨飞机的最高速度（870 千米/小时）约为
  25×宽吻海豚（35 千米/小时）。

马的最高速度（88 千米/小时）约为
  2×人力飞机（44.3 千米/小时）。

猎豹的最高速度（120 千米/小时）为
  2.5×家猫（48 千米/小时）。

人力车辆的最高速度（144 千米/小时）约为
  2×非洲野狗（72.5 千米/小时）。

狮子的最高速度（80 千米/小时）为
  2×大白鲨（40 千米/小时）。

风力驱动帆船的最高速度（121.2 千米/小时）约为
  2.5×虎鲸（48.3 千米/小时）。

喷气式飞机的最高速度（3 530 千米/小时）约为
  4×民航客机（880 千米/小时）。

地球绕太阳公转的速度（10.7 万千米/小时）为
  50×协和式客机 SST（2 140 千米/小时）。

目前有很多人，包括一些职业科学家，看得见树木却看不见森林。

——阿尔伯特·爱因斯坦

菲利普·格拉斯的歌剧《海滩上的爱因斯坦》中充满了数字。有几个片段甚至只有数字。剧本开头写着：

一、二、三、四。

、二、三、四、五、六。

一、二、三、四、五、六、七、八，一、二、三、四。

一、二、三、四、五、六。

一、二、三、四、五、六、七、八，一、二、三、四。

一、二、三、四、五、六。

一、二、三、四、五、六、七、八。

这一部分被称为"膝剧1"，整部作品共5个膝剧。它们短小精悍，能为戏剧搭建框架结构，同时连接主要情节，类似连接骨头的关节。

本章正是本书的"膝剧"，本书由两个部分构成。在第一部分，我们将了解日常生活中数字的丰富变化及分布特点；在第二部分，我们将继续学习其他几个大数字处理技巧，以逐步驾驭更庞大的数字。

发现数字

小时候我在南非长大，每次长途旅行时我坐在车里百无聊赖，于是就开始玩一个游戏。我会观察过往车辆的车牌号，[①] 先找到以 1 开头的车牌，然后找以 2 开头的，接着找以 3、4 开头的……找完以 9 开头的后，我就开始寻找以两位数开头的，10、11……数字越来越大，游戏也越来越难，但是发现下一个数字时的满足感也越来越强烈。我已经忘记了我找到的最大数字，应该至少是个 3 位数。

寻找以 10 开头的当然比寻找以 1 开头的难度大，因为我需要匹配两个数字，但我惊奇地发现寻找以 9 开头的同样比寻找以 1 开头的难。在南非，车牌的分配从 1 开始，按顺序进行，9 出现的前提是 1 已经出现。9 打头的两位数出现的前提是至少已经出现了 11 个 1 打头的两位数，所以 9 开头的车牌数量永远不可能超过以 1 开头的。绝大多数情况下，以 1 开头的车牌数量会超过以 9 开头的。同理，以 5 开头的车牌数量永远比以 9 开头的多，以 1 开头的的车

---

① 当时，南非的车牌由字母和数字构成。字母表示地区，随后是 1~4 位的数字（我父母的车牌是 CAP 560）。很遗憾，我现在住在英国没法玩这个游戏，因为车牌的组合规则完全不同。

牌数量永远比以 5 开头的多。

本福特定律

上述这一现象被称为"本福特定律"，我当时并不知道。该定律能反映首位数字的分布规律。本福特定律可以量化分布趋势并用数字加以描述。根据该定律，一组数字中约 30% 以 1 开头，仅 4% 以 9 开头。你可能还不知道，现实生活中的许多数字都符合本福特定律。

本福特定律可以帮助我们检查统计数据是否造假，非常可靠。当然，如果造假者聪明绝顶而且深谙该定律，那就另当别论了。他通常会精心伪造一些数字，不会随意乱来。以 7 为例，根据本福特定律，只有 5.8% 的数字以 7 开头。所以我们在分析公司账本或者选票统计时，如果发现以 7 开头的比例明显高于 5.8%，就应该谨慎检查是否存在造假行为。

检验本福特定律

在 IsThatABigNumber.com 网站上，我收集了一组特殊数字，用于与其他数字进行比较。这些数字虽无实际含义，但都在数量上与生活中常见的事物存在某种联系，比如棒球棍、埃菲尔铁塔、世界上大象的数量等。数字集中的数字种类繁多、杂乱无章，因此我称它们为"野生数字"。

我采用本福特定律检查了这些数字，结果如下表所示。

首位数字	本福特定律	我的计算
1	30%	28%
2	18%	16%
3	12%	13%
4	10%	11%
5	8%	9%
6	7%	7%
7	6%	7%
8	5%	5%
9	4%	4%

虽然结果不是完全吻合，但这些杂乱无章的野生数字依然是符合定律的，这不禁让人咋舌。

这就有趣了。当数学家思考数字时，他就好像在实验室研究样本一样。他可以研究他创造的任何数字，这些样本完美无瑕。我们都知道计数没有穷尽，这由它自身性质决定。900 和 901 之间、100 和 101 之间的间隔相同。尽管 π 的小数无穷无尽，但它依然是一个精确数。

我们不妨将这些完美的数字放到一边，来看一看日常生活中可以计算、可以测量的数字。我们会发现什么呢？答案是：数字越大，出现概率越低。例如 728 167 198 612 003 这个数字，它很可能从未在书面文本中出现过，比它还大的数字很可能永远不会出现。所以在现实生活中，数字的大小和出现概率成反比。这一结论可能比较奇怪、难以理解，但没关系，因为我们的目标是学习如何掌握大数字。

本福特定律不适合用来检查相差不大的数字。如果以米为单位去测量人的身高，绝大多数测量结果将以 1 开头。如果换成英尺，测量结果很少会以 4 或 7 开头，大多以 5 和 6 开头。但如果最大、最小数字之间相差 100 倍或更多，本福特定律就很实用了。

1~1 000 的分布情况

在 IsThatABigNumber. com 的数据库中，每个数字都由两部分组成，有效位数+缩放倍数。有效位数在 1~1 000，大多保留 3 位；缩放倍数指千的次方，例如 1、1 000、100 万、10 亿等。我们暂时将倍数放到一边。数据库中每一个数字的有效位数都在 1~1 000，我们来看看这些数字的分布情况。

我们要观察的是千位数的首位，而不是十位数的首位，所以这更像本福特定律的一种变形。我将这些有效位数排序，从 1（"大津巴布韦建成 1 000 周年"中的首位数字）至 998（塞斯纳-172型飞机的质量）。数字整理好后，我将它们绘制成了曲线图。

下图显示了数据库中 2 000 多个数字的分布情况。我对它们进行了统一处理，使其全部落在 1~1 000，同时未考虑缩放倍数。

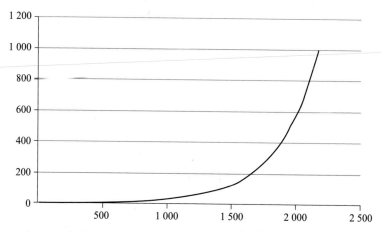

如果所有数字均匀分布，我们将看到一条斜率不变的上升直线。但如上图所示，数据库中的数字分布并不均匀，33.7% 的数字位于 1~10，32. 6% 位于 10~100，33.7% 位于 100~1 000。

这说明了什么？在这些野生数字中，位于 1~10 的数字与位于 10~100、100~1 000 的数字在数量上大致相同。如果把数字（1~1 000）分段，每段对应的数字数量都按一定比例增加（10 倍），那么这些数字将会均匀分布在每段中。①

按照这一分布情况绘制出来的曲线会比较光滑。有经验的人能马上看出曲线走势体现的指数关系，同时想到纵轴可以使用对数尺。

对数尺？别害怕。如果你能攻克它，你将获得一种超能力。如果纵坐标使用对数尺（1~10、10~100、100~1 000 等距），我们会得到下图。

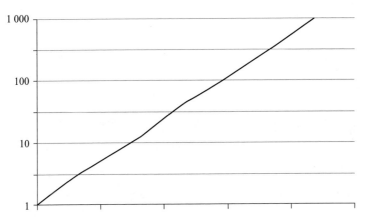

是它了！基本上是一条直线，三个数字段的分布情况一目了然。这条直线更清晰地展现了数字的分布：约 1/3 的数字小于 10，约 1/3 的数字在 10~100，剩下 1/3 的数字在 100~1 000。多亏了对数尺，我们才能一眼看出其中规律。后文将就对数尺展开更多讨论。

让我们回到正题。上文图表告诉我们 1~1 000 的数字分布确实存在规律。数字越大出现频率越小，并且频率均匀递减。这一结论在人们意料之外。上文图表还表明，在日常生活中，小数字的出现频率更高，大数字的出现频率更低。难怪我们遇到大数字时

---

① 如果不按 10 倍而是采用其他倍数，也会得到一样的结果：18.5% 的数字分布在 1~4、21.9% 的数字在 4~16、18.3% 的数字在 16~64、21.9% 的数字在 64~246、14.4% 的数字在 256~1 000，每段约占 1/5。从中我们可以窥探到指数效应。

往往手足无措，毕竟它们太陌生。

站起来活动一下

谢谢你能坚持阅读到现在，真心希望你享受这一段阅读之旅。到目前为止，我们已经了解了一些大数字，也学习了几个应对技巧。后文将更加"疯狂"，我们会接触那些远离日常生活的大数字。要理解它们，我们还需要掌握一个十分重要的技巧。学习它之前，我们先回顾一下前文：

• 近似数感与生俱来。两个数字之间的差值不能超过特定比例（20%），这样我们才能在它们之间画约等号。我们判断数字的准确率约等于这个比例，也是 20% 左右。

• 英语中，每变大 1 000 倍就会有特定的单词，例如 thousand（1 000）、million（1 000 000）、billion（1 000 000 000）。

• 我们认识了一系列基准数字，它们涉及距离、时间、质量等。排列这些数字时，我遵循了一定的顺序：1、2、5、10、20、50、100……我称它们为货币数字，因为它们与常见货币的面额相同。后一个数字是前一个数字的 2 倍或 2.5 倍，每隔三个数字会扩大 10 倍。

• 本福特定律告诉我们，现实生活中首位数字越大出现频率越小。以 9 开头的数字比以 1 开头的少。如果看整体数字，我们会发现它们的出现频率呈规律递减。

在比较这些数字时，我使用了倍数而不是差值。数字相加可以变大，数字相减则利于比较。[①] 上学时我们用过的尺子会将同等距离分配给一系列数字。这是一种线性刻度，适合做加减法。

当数字越来越大、增长越来越快时，我们更关注比例和比率。要测量更大的数字，我们需要一把新的尺子。它能将同等距离分

---

① 减法运算中，一个数减去另一个数得到"差"，也就是两个数字之间的"差值"。

配给同等比例的增长。

我们需要对数。数学课堂上学生最害怕的就是微积分、三角和对数了。你可能觉得"乘方（指数）"已经很难了，但当你掌握它后你会觉得对数更难，因为它的过程和指数刚好相反。对一些人来说，掌握对数简直比登天还难。

如果你学不会，那就太可惜了。一方面，对数能赋予你超能力，帮助你攻克一个又一个大数字。另一方面，对数是最自然的认识世界的方式，不管你信不信。在娱乐节目《谁想成为百万富翁》中，闯关者每正确回答一个问题，得到的奖励几乎会翻倍：

100—200—300—500—1 000—2 000—4 000—8 000—16 000—32 000—64 000—125 000—250 000—500 000—1 000 000。

这是一个 15 层级的对数阶梯，下一个层级基本会在上一个的基础上翻一倍。

我希望你能通过对数视角以全新的方式了解世界，更清晰、更透彻地理解大数字。

别着急！本书的主题不是数学而是数字，所以它不会涉及任何代数知识，也不会进行对数计算。下一章我将讨论如何利用对数视角释放它的超能力，征服那些让人头痛的数字。

"非常大" VS "非常小"

有这样一把尺子，下一个刻度等于上一个刻度乘以某个固定值而不是加上某个固定值，比如连续四个刻度分别代表 1、10、100、1 000。真有这样的尺子吗？有，它就是对数尺。

打破传统刻度

请在同一把尺子上标注出下列数字并且比较它们的大小：

- 非洲象的高度为 4.2 米。
- 世界上第一座摩天大楼的高度为 42 米。
- 帝国大厦的高度为 381 米。
- 最深矿井的深度为 3.9 千米。
- 自由落体跳伞的最高高度为 39 千米。
- 国际空间站的轨道高度为 400 千米。
- 月球的直径为 3 480 千米。
- 地球同步卫星的轨道高度为 3.58 万千米。
- 地球到月球的距离为 38.4 万千米。

要在同一尺子上标注出这些数字确实很困难。假设尺子长 30 厘米，那么"地球到月球的距离"靠近线段末端，倒数第二大的数字——"地球同步卫星的轨道高度"位于 3 厘米处，"月球的直径"

位于 0.3 厘米处，"国际空间站的轨道高度"位于 1/3 毫米处。

这个方案显然行不通，因为这些数字差距太大，它们之间存在 10 倍关系，前面的数字与后面的数字相比实在太小。我们无法在尺子上清楚标注出很小的数字，因此难以比较所有数字的大小，普通尺子不顶用。

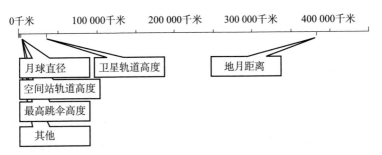

但如果能调整尺子使其每个刻度之间存在 10 倍关系，那么只需要九步我们就可以从 1 米来到 100 万千米（10^9 米）。每一步我们都能将一个数字对号入座。

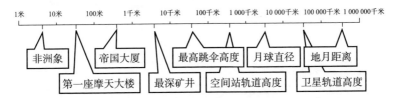

这种方案也有缺点，它无法直观展示数字间的巨大差距。但好在它能比较均匀地呈现上述所有数字（它方便我们比较数字的比例关系），相邻两个数字之间存在 10 倍关系。

对数尺有别于传统刻度尺，它能够帮助我们有效比较数字，这就是对数的力量。

摩尔定律

20 世纪 60 年代，电脑芯片公司英特尔的戈登·摩尔发现微处理器的晶体管数量在成倍增加。你可能已经猜到了这就是"摩尔定律"（从提出到现在已经过了50多年了，但这一定律依然成立①）。

下图显示了1972—2002年英特尔处理器上晶体管的数量，从2 000个开始一直到4.1亿个，两者的比例为1：200 000。数字差距如此巨大，处理起来十分困难。

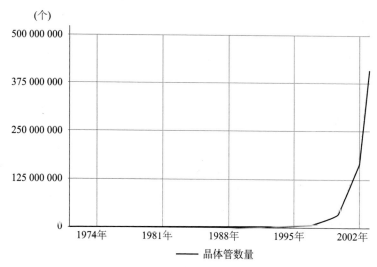

上图中的曲线看上去像极了悬崖的侧剖。早期我们完全看不出任何增长细节，随后曲线开始陡升，近乎垂直。从上图我们只能得出一个结论：一开始晶体管数量很小，随后快速变大。这张图传递的信息十分有限。

现在让我们戴上"对数眼镜"。② 下图绘制了晶体管数量的对

---

① 摩尔定律不是自然规律，只是基于观察的经验之谈。我认为未来10~20年中，它很可能会被推翻（但过去30年来一直有人这么说，所以我的预测可能也是错的）。

② 我形象地将对数尺称为"对数眼镜"。比较数字时，最好不要直接比较数值，而应比较它们的对数。

数，而不是数值。①

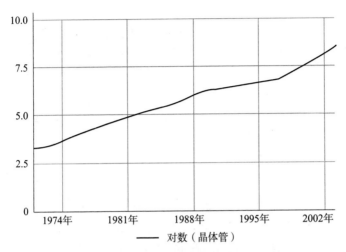

如何快速在脑海中判断某个数字的对数呢？教大家一个秘诀：对数略小于数字位数。1 000~9 999 的数字都是 4 位数，所以它们的对数在 3~4。2002 年晶体管的数量是 4.1 亿，它是一个 9 位数，那么它的对数大概为 8.6。

因为计算机使用的是二进制，所以计算机科学家喜欢使用 2 作底数。底数为 2 的对数与存储一个数字所需的字节数（用二进制表示）存在紧密关系。

这就是对数的力量，它能帮助我们比较差距很大的数字。有了它，我们无须绘制出 2 250，它的对数仅略高于 3，4.1 亿的对数大概也就 8.5。感谢对数尺的魔力，我们现在可以轻松比较原本无法比较的数字。

不仅如此，我们还可以从图中发现一些有趣的特征。曲线总体变化较均匀（20 世纪 90 年代初放缓，随后又加速）。如果曲线斜率均匀，那么增速也较均匀，这就是摩尔定律的核心思想。如果

① 对数的底数无关紧要。不管选择什么底数，对数尺都能发挥它的超能力。由于日常计数系统是十进制的，选择 10 为底数会让工作更简单。

我们只绘制随时间变化的晶体管数量的对数，我们就会得到一条直线，它的斜率表示晶体管数量的增长速度。

如果每一时间段中数字都以相同的系数扩大，那么它们便构成指数级增长，数字翻倍所需的时间相对固定。指数级增长也可以表示增长速度。

根据摩尔定律，晶体管的数量每一年半就翻一倍。从上文图表可以看出，过去 30 年中晶体管的数量一共翻倍了 17 次，每 1.7 年翻一倍，大致符合摩尔定律。

> 在对数尺上，每一个刻度代表的不是加法而是乘法，这就是对数尺的力量。后一个刻度等于前一个刻度乘以某个固定值，而不是加上某个固定值。因此在对数尺的帮助下，我们可以更容易地比较大数字。

对数尺（每一个刻度乘以一个固定值）不仅适用于呈现晶体管数量的变化，还适用于数字大到普通标尺（每一个刻度增加一个固定值）无法胜任的情况，比如地震测量。

里氏震级

地震计测量地球的震动。最初，地震计有一个摆动的指针，其最小可见摆动幅度是 1 毫米，地震学家将它定为最小单位。

地震的大小差别很大。小地震经常发生，它们难以察觉也不会上新闻。最小单位的地震每年发生 10 万多次。就 10 年一遇的地震而言，它的振幅起码是小地震的 100 万倍。当时，科学家和媒体都很难处理这么大的数字。1935 年，查尔斯·里克特设计了一个新的地震量表，它让地震的分析与比较变得更加容易。

里克特将可监测到的最小地震定为 3 级（他知道未来技术可以检测到更小的地震，因此他从 3 开始定级）。从 3 级开始，每增加一个里氏震级，振幅变成原来的 10 倍。

4 级地震是 3 级地震的 10 倍，5 级地震又是 4 级地震的 10 倍（是 3 级地震的 100 倍），依此类推。当地震的振幅扩大到百万倍，它的震级则为 9 级。有趣的是，地震的发生频率往往与地震的大小成反比。里氏 9 级大地震发生的概率是百万分之一。①

里氏震级其实就是对数尺，它根据振幅的对数确定震级。振幅差距太大难以比较，但对数尺让困难迎刃而解。它能将大数字变小，使其更易理解、更易处理。

刻度每增加 1，振幅就变为原来的 10 倍。振幅会随刻度的变化而成比例变化（不一定只增加 1）：如果刻度增加 0.5（比如从里氏 5 级增加到 5.5 级），振幅变成原来的 3.16 倍左右。② 如果刻度增加两个 0.5（也就是里氏震级增加 1），那么振幅需要乘以两次 3.16，变成原来的 10 倍。

通过里氏震级，我们可以比较小地震和大地震。哪怕震级的变化很微小，我们也不能掉以轻心。2016 年 1 月 25 日，西班牙和摩洛哥接壤处发生了 6.3 级地震。同年 2 月 6 日，中国台湾地区发生了 6.4 级地震。这两次地震的大小是否差不多？（虽然两场地震都造成了财产损失，但只有第二场地震造成了人员死亡）虽然它们的震级仅相差 0.1，但振幅却相差了 26%（能量释放相差 41%）。所以两场地震并非差不多，虽然震级只差 0.1，但造成的影响却差得多。

基准数字

8 级地震平均每年发生一次。

---

① 里氏震级反映地震幅度。地震时能量释放的速度超过震幅增加的速度。里氏震级相差 1 级，能量释放相差 31.6 倍（31.6 是 1 000 的平方根）。

② 10 的平方根。

小声点

据说演播室（不使用时）的环境噪声为 10 分贝（dB），1 米距离内的对话为 50 分贝，10 米外的车流声可高达 90 分贝，100 米外喷气发动机的声音是 130 分贝。如果人们长时间暴露在 85 分贝的环境中，听力就会受损。120 分贝的声音则能在瞬间损害耳膜。

我们常用分贝去描述音量，实际上分贝测量的是声压（Sound Pressure Level，SPL）。声压的基本单位是贝尔，以亚历山大·贝尔命名。和分贝相比，贝尔这个单位并不常见，1 分贝等于 1/10 贝尔。那么演播室的环境噪声是 1 贝尔，交谈声是 5 贝尔，车流声是 9 贝尔，飞机的喷气发动机是 13 贝尔。[①]

它与里氏震级十分相似，每增加 1 贝尔声压变为原来的 10 倍。虽然交谈声只比演播室环境噪声大 4 倍，但前者声压却是后者的 1 000 倍。

这里要注意，如果声音从 1 分贝增加到 10 分贝，那么声压为原来的 10 倍。但如果增加到 20 分贝，那么声压并不是原来的 20 倍。对数尺上每增加一个刻度，数值会翻倍，这点需要谨记。所以，20 分贝意味着连续两次扩大 10 倍，最终结果为原来的 100 倍。[②]

---

① 我们对声量的感知往往有别于科学工具的测量结果。从听觉感受出发，音量每增加 1 贝尔（10 分贝），声音听上去似乎只变大了 1 倍，但声压却是原来的 10 倍。

② 如果提高 5 分贝，那么声压变为原来的 3.16 倍（10 的平方根），并非 10 分贝的一半。

基准数字

如果连续 15 分钟暴露在 100 分贝的环境中，人的听力就会受损。100 分贝声源包括电动工具、割草机、摇滚演唱会、足球比赛。

黑白琴键

一架标准钢琴有 88 个琴键，包括 52 个白键和 36 个黑键。从音乐角度看，每一个琴键（无论黑白）都比它左边的琴键高出一个半音。黑白琴键的组合规律每 12 个半音重复一次。

如果从 Middle C（小字一组 c，琴键正中央）开始向右移动 12 个半音（包括黑键和白键）就来到 Treble C（小字二组 c），它比 Middle C 高 1 个八度①；继续向右移动 12 个半音就来到 Top C（小字三组 c），它比 Middle C 高 2 个八度。

反过来，如果从 Middle C 开始向左移动 12 个半音就来到 Bass C（小字组 c），它比 Middle C 低 1 个八度；继续向左移动 12 个琴键就来到 Low C（大字组 C），比 Middle C 低 2 个八度。

从数学家的视角看，钢琴的琴键就是一把对数尺。每 12 个半音构成 1 个八度，整个琴键共约 7.5 个八度。黑白键的分布有原因可循（有人专门著书探索背后原因），但这不是我们关注的重点，所以先将其放到一边。我们可以把琴键看成一把尺子，12 个半音为 1 个八度，好比 12 英尺为 1 英寸。但这把尺子的测量对象不是距离而是音高，相邻两个琴键之间相差半个音高。

---

① 1 个八度并不是指移动 8 个琴键，相反它是指以某个琴键为起点向左或向右移动 7 个琴键（有些琴键是全音，有些是半音）。但若算上起点琴键的话，确实是 8 个。

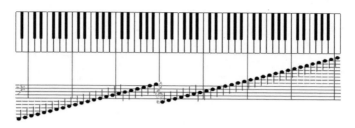

我们现在切换到物理视角看一看。

当敲击 Middle C 时，钢琴发出的声音频率约 261.6 赫兹（每秒的震动数）。琴键会上下振动，大约每秒 262 次。这些振动（频率也是 261.6 赫兹）在空气中传播，然后进入耳朵，于是听众就听到了 Middle C 音。

从 Middle C 向右移动到下一个 C，即 Treble C，它的频率是 Middle C 的 2 倍，即 523.2 赫兹。那 Top C 呢？它的频率是 Treble C 的 2 倍，1046.4 赫兹。每上升 1 个八度，频率就会增加 1 倍。位于 Middle C 左侧的 Bass C 为 130.8 赫兹，Low C 为 65.4 赫兹，Middle C 的 1/4。

人类耳朵可以捕捉到从 20 赫兹到 2 万赫兹的声音频率，两个数字相差 1 000 倍。当数字差距过大时，我们最好向对数求助，就像前文的晶体管和地震那样。钢琴将不同音高（半音与八度）按比例均匀地分布在琴键上，这就是钢琴的原理。所以钢琴就是一个以对数尺为基础、制造特定声音频率的装置。

音高提高 1 个八度，频率变为原来的 2 倍；音高降低 1 个八度，频率变为原来的 1/2。那半音呢？12 个半音组成 1 个八度，频率增加 1 倍。别忘了在对数尺上，每增加 1 个刻度数值便增加特定倍数。那频率会随着半音的升降如何变化呢？若用数学语言回答则是：有一个数字的 12 次方等于 2，这个数字就是 $\sqrt[12]{2}$，即 2 开 12 次方，大约是 1.06。向右敲击琴键时，每移动一个半音频率会增加 6%。敲击 12 个半音后频率翻一倍。①

从本质上看，钢琴就是对数尺，最低音（A 音，27.5 赫兹）和最高音（C 音，4 186 赫兹）的频率相差很大。若想缩小规模，我们可以采用半音或八度表示，即 87 个半音、7.5 个八度。

基准数字

调音师调音时以 Middle C 以上的 A 为基准，频率为 440 赫兹。

对数表与对数计算尺

20 世纪 60 年代，学理科和数学的人可能是最后一代使用"对数表"的学生。在对数表上，我们可以查阅 1~10 每个整数的对数（以 10 为底）。② 使用对数表我们可以换种方式计算两个数字的积：先在对数表上查到两个数字的对数并求和，然后在对数表中找到这个和的数值，接着再查找它对应的逆对数，这样就可以得出积。同理，若计算两个数字的商，那么先找到它们的对数并求差，接着在对数表中找到差的数值，再匹配逆对数即可。

如今，5 英镑就可以买一个科学计算器，复杂的计算不在话下。但在过去，对数表算得上最有效、省时的计算工具了，人们常常翻阅它。

在过去，人们一提到工程师就会马上想到计算尺。计算尺同样以对数尺为基础。计算尺的外形就像本章开头提到的用于比较数字大小的普通尺子。1~10 的数字被标记在尺子上，每个刻度

---

① 钢琴将 1 个八度均分为 12 个半音，它使用的是"十二平均律"。声音不同，调音方式也不同。其他乐器可能会使用"纯律"，每个八度中的 12 个半音频率并不是按照固定的倍数变化。不论什么情况，12 个半音都能使频率增加一倍。

② 如果大于 10 或小于 1，我们可以应用对数法则进行计算：对数加 1 等于乘以 10，对数减 1 等于除以 10。

之间间距相同，它们代表变化比例相同，所以计算尺也是对数尺。

计算尺由上下两把刻度相同的尺子构成，它们可以滑动以方便使用者将两个刻度相加，从而得到两个数字的积。能熟练使用计算尺的人可以快速完成乘法运算。大多数计算尺的第二根尺子刻度为 1~100，适合平方和开方计算。① 计算尺的刻度越多，功能就越强大，有时甚至可以进行函数和指数计算。一把好的计算尺可谓是无价之宝。

计算尺对于科学家和工程师来说不可或缺。在科幻作家罗伯特·A. 海因莱因的作品《穿上航天服去旅行》中，未来科学家和工程师仍在使用计算尺："爸爸说不会使用计算尺的人就是文盲，不应该有投票选举权。我有一把 20 英寸的 K&E 对数计算尺。"

20 世纪 70 年代初，人们发明了计算器，计算精度以及便捷度大幅提升。于是，计算尺逐渐退出历史舞台。数字化过程有得亦有失。计算器本质上是数字计算仪器，而计算尺是物理计算仪器。理解计算器的读数完全是一种脑力锻炼，因为我们需要去解码符号。然而计算尺能刺激我们的感官，使用计算尺时我们身心愉悦。在计算结果的过程中，我们会遇到许多其他数字。在不断与数字邂逅的过程中，我们更容易感知、理解比例关系。这些优势计算器永远不具备。

我建议你找朋友借一把计算尺，或者干脆自己在网上买一把亲自动手体验。你可以深深地感受到对数尺的魅力，它能将复杂的乘法转换为简单的加法。

---

① 计算尺上有一个透明滑块，上面标有一条细线，它用于比较两个不相邻的刻度。它被形象地称为"光标"，电脑"光标"便源自它。当我打字时，光标总是走在单词前面。

基准数字

计算尺主尺上的中间刻度是 10 的平方根，约 3.16，略大于 π。你可以将它视为从 0.001（10^{-3}）到 1 0000（10^4）的中间值。

死亡概率

人虽然终有一死，但是我们都希望自己长寿、快乐、活得有意义。精算师和人口学家用"死亡概率"来描述不同年龄段人的死亡概率，即特定年龄的人在第二年死亡的概率。

年龄（岁）	第二年死亡的概率	
	男性	女性
25	0. 055%	0. 025%
50	0. 31%	0. 21%
75	3. 34%	2. 23%
100	36. 2%	32. 1%

从上表中可以看出，每隔 25 年死亡概率就会翻 10 倍。我们再次遇到了差距极大的数字，从不到 1/1 000 到 1/10。似乎又该请对数尺出场了。

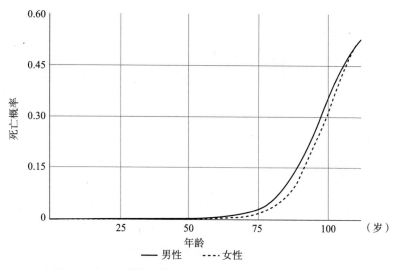

上图将两性死亡概率绘制成了曲线，从中我们能提炼到一些重要信息。50岁是分水岭：50岁以下，死亡概率极低，超过50岁，死亡概率快速上升；50岁后，男性死亡概率比女性大，但随着年龄的增长，两性死亡概率又开始趋同。然而，该曲线图无法反映许多信息，例如50岁以下的死亡概率情况、死亡概率如何随年龄变化……

如果我们采用对数尺就可以绘制出以下曲线图：

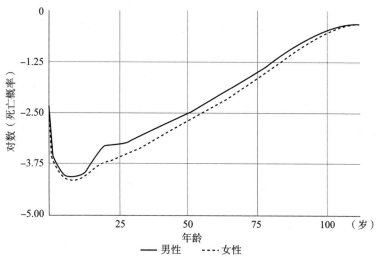

这样一来，我们可以捕获更多细节。25～100 岁，男性和女性的死亡概率（对数）曲线都比较直。这意味着死亡概率的增长较稳固，理同摩尔定律。[①] 年龄每增加 1 岁，第二年死亡的概率增加 10%。

通过上图我们还可以看到，婴儿阶段对应的曲线部分呈"倒钩"状。即便在发达的西方社会，出生后一段时间的死亡风险都很大。

最后我们还能观察到 15～25 岁男性死亡率的变化——先加速后放缓。这就是"意外死亡高峰"，它反映了近些年男性渴望体验（至少渴望接触）刺激和危险。

时间史纲

对数尺用途多多，我们不仅可以用它丈量时间，甚至还可以将时针拨至史前一窥历史的演进。下图将 10 年前至 100 亿年前的重大历史事件绘制在同一对数尺上。通过它，我们可以看到历史的演进。两个邻近刻度之间存在 10 倍关系。

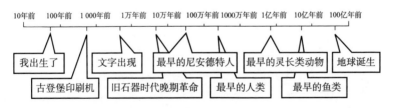

在本书后半部分我们会遇到更多的对数尺，它将帮助我们更好地理解科学世界中的大数字。

---

① 由此可以推出，导致死亡的因素会随着年龄的增长而成倍增加。

第三部分

科学领域的数字

如果我们求知若渴，那么必定有所收获。

——约翰·卢伯克

数字初心

到目前为止，我们关注的数字与日常生活息息相关。1桶啤酒有多少？1条保龄球道有多长？1台洗衣机有多重？世界上有多少人？到西雅图有多远？这些数字帮助我们理解生活与世界。

但生活不仅仅是柴米油盐。人类的大脑有能力、有欲望去探索日常生活以外的事物，世界也因此而丰富多彩。好奇是人类的天性，在强烈好奇心的驱使下，我们的祖先冒着烧伤手指的危险执着地探索火的使用，最终驯服了火种。很久以前"月亮有多远"的天问就已出现，在过去登月可谓是天方夜谭，谁也不曾料到终有一天宇宙飞船能登陆月球。人类的一切成就都离不开好奇心。

出于好奇和对知识的渴望，人们提出各种有趣的问题。我们寻找答案、获取知识，科学因此不断进步、发展。其中有些知识看似毫无用处，实则十分重要。科学探索为知识转化奠定了基础，工程师才能将想象变为现实、将理论付诸实践。激光虽然诞生于实验室却已逐渐走进人们的生活。现在，激光无处不在。很多出乎意料的发明、应用都属于"无心插柳柳成荫"。

在认识世界、追求真理的理念驱动下，人类邂逅了一系列大数字。第三部分将聚焦科学领域中的数字，其中一些难以直接计算或测量，许多只是估计值，并不是精确测量结果。这部分数字更难被我们理解和消化。还有很多数字大得离谱，与日常生活相去甚远。

但是大数字对科学很重要，它们让人类心驰神往，同时帮助人类认识世界，认识宇宙，认识人类在浩瀚天际中的位置。

道格拉斯·亚当斯的小说中出现了一台想象中的机器——绝对透视旋涡。他写道：特兰·特古拉发明了绝对透视旋涡。他想利用这台机器报复他的妻子（妻子总是斥责他不要"没大没小"的）。如今，绝对透视旋涡成了蛙星 B 折磨人类的机器。他们强迫受害者在一间小舱中观看整个宇宙的模型。模型上有一个小点，它标注了宇宙中"你的位置"。当整个宇宙尽收眼底时，人的精神最终崩溃。据说，绝对透视旋涡是唯一能碾碎人类灵魂的机器。

如今，道格拉斯·亚当斯的许多预言都成真了，但我认为有一点他说错了——了解宇宙不仅不痛苦，反而振奋人心。我更赞成阿纳托尔·法朗士的看法，"奇迹不是星辰有多浩瀚，而是人类可以丈量宇宙"。

2016 年夏天，"新视野"号空间探测器与冥王星近距离"会面"，完成了对冥王星等柯伊伯带天体的探测任务。对我而言，这则消息具有特殊的意义。我成长于阿波罗登月时代，当我看到今天人类能取得如此成就、完成如此壮举时，我深受触动。那可是冥王星呀！

每天我们都在泥泞的道路上前行，我们的视线只有几步之遥。但科学能让我们抬头看向远方，看向地平线，甚至看向浩瀚的宇宙。科学激励着人类不断求索、实现梦想。

仰望星空
测量宇宙

对宇宙了解得越少，困惑就越少。

——布伦士维格

下列哪个数字最大？

- □ 1 个天文单位（AU）
- □ 太阳到海王星的距离
- □ 地球绕太阳公转的轨道长度
- □ 哈雷彗星离太阳的最远距离（远日点）

摘星星

在天文学中，如果你能将数字误差控制在 10 个数量级以内，那就很不错了。

——迈克尔·阿蒂亚爵士

月亮有多远

要想回答这个问题，我们不如先由易到难。珠穆朗玛峰的海拔是 8.85 千米（5.5 英里）。在我看来，这个数字不算大，我并不是说攀登珠穆朗玛峰很容易，但如果把垂直距离换成水平距离，开车 10 分钟就能覆盖 8.85 千米。与人类最高建筑相比，珠穆朗玛峰还不到它的 11 倍。

再高一些就是民航客机了，飞行时一般距离地面 13 千米。地球半径约 6 400 千米，飞机离地距离还不到它的 2/1 000，差距极大。

国际空间站在 400 千米高的轨道上运行，任何飞机都无法到达这个高度。即便如此，这个数字也只占地球半径的 6% 左右。这就是科学家所说的"近地轨道"。

不是所有卫星都在如此低的轨道上运行。轨道越高，受地球引力越小，卫星绕地球旋转的速度就越慢。传输电视信号的卫星需要在地球同步轨道上运行。也就是说，它绕地球赤道飞行的速度与地球自转的速度相同，每天一周。然而国际空间站绕地球一周只需 92 分钟。从地球上看，同步卫星总是位于同一位置（它相对静止地"挂在"天上）。为了保持在同步轨道上，卫星高度需要达到 35 800 千米，几乎是国际空间站距地高度的 90 倍。从这个高度看地球，它不再那么大了。

那么月亮离我们有多远呢？这得看情况，因为月球绕地球运转轨道不是正圆形，最近为 35.6 万千米，最远为 40.6 万千米，平均为 38.4402 万千米。天文学家将 38.4402 万千米定义为 1 个天文单位，即 1 个月球距离，约是同步卫星距地的 10 倍。

基准数字
- 国际空间站的轨道高度为 400 千米。
- 地球同步轨道高度为 4 万千米。
- 地球赤道周长为 4 万千米。

和地球比，月球有多大呢？月球半径（1 740 千米）约为地球的 27%，体积约为地球的 1/50。月球直径是 3 480 千米，略低于澳大利亚东西向宽度（约 4 000 千米）。

邻里之间

地球和地球卫星好比门对门的邻居，它们挨得很近。现在让我们追随哥白尼拜访住得更远的星球——太阳。

太阳离地球有多远呢？大概 1.5 亿千米，是地月距离的 390 倍。太阳有多大呢？它的半径约为 69.5 万千米，刚好是月球的 400 倍。太阳到地球的距离接近月球到地球距离的 400 倍，而太阳的直径刚好是月球的 400 倍，这纯属巧合。站在地球上看月球和太阳，它们几乎一样大，所以我们才能看到日全食和壮观的日冕。

> **基准数字**
>
> 日地距离约为地月距离的 400 倍，太阳直径约为月球直径的 400 倍。

太阳距离地球约 1.5 亿千米，光速约为 3 亿米/秒，由此可知阳光到达地球需要 500 秒，也就是 8.5 分钟。

> **基准数字**
>
> 日地距离为 1.5 亿千米，相当于 500 光秒，8.5 光分。

地球绕太阳公转一周需要一年，公转距离约 9.4 亿千米（接近 10 亿千米），通过计算可以得出地球公转速度约为 10.7 万千米/小时。

> **基准数字**
>
> 地球每年绕太阳公转约 10 亿千米。

水星和金星绕太阳运转距离比地球近，火星、木星、土星、天王星和海王星这五颗行星则比地球远。当在太阳系内部讨论距离时，我们需要一个标准单位。日地距离（约 1.5 亿千米）成为首选的天然标尺，它构成1个"天文单位"（AU）。

下表罗列了部分行星到太阳的距离，矮行星也在其中。从表中可以得知，行星距离太阳越远，其轨道周期（行星年）就越长。

行星	距离太阳（千米）	距离太阳（AU）	轨道周期（年）
水星	5 800.00 万	0.39	0.24
金星	1.08 亿	0.72	0.62
地球	1.50 亿	1.00	1.00
火星	2.28 亿	1.52	1.88
谷神星	4.14 亿	2.77	4.60
木星	7.78 亿	5.20	11.90
土星	14.29 亿	9.55	29.40
天王星	28.75 亿	19.22	83.80
海王星	45.04 亿	30.11	164.00
冥王星	59.15 亿	39.53	248.00
妊神星	64.65 亿	43.22	283.00
鸟神星	68.68 亿	45.91	310.00
阋神星	101.66 亿	67.95	557.00

2016 年 5 月，美国宇航局的"新视野"号太空探测器成功与冥王星近距离"会面"。或许你以为探测器能飞出太阳系，其实不然，太阳系很大。目前，"新视野"号已经向下一个目标进发——柯伊伯带的另一个天体 2014MU69（柯伊伯带为圆盘状天体密集区，距离太阳 30～50AU）。"新视野"号于 2019 年到达目的地，它到太阳的距离达到了 65 亿千米（43AU）。

矮行星阋神星（表中所列）是太阳系"离散盘"中的一个星体。离散盘距离太阳 30～100AU。

> **基准数字**
>
> 地球轨道到太阳的距离为 1AU。
>
> 土星到太阳的距离为约 10AU。
>
> 离散盘到太阳的最远距离为 100AU。

太阳系的尽头在哪里？太阳系并没有明确的边界，但天文学家常使用两个指标。第一个是太阳风遭遇星际介质而停滞的边界，它被称为"日球层顶"，距离太阳 120AU 左右，约冥王星到太阳距离的 3 倍。天文学家们正在通过"旅行者 1 号"发送回地球的源源不断的数据了解日球层顶。"旅行者 1 号"于 1977 年发射，至今已有 40 多年了。作为离地球最远的人造卫星，它已经穿越了日球层顶的部分过渡区域，现在距离地球 140AU。2012 年 8 月，美国宇航局告诉媒体"旅行者 1 号"已进入星际空间，它踏上了一段新征程。

下图展示了太阳系的行星及其他组成部分。请注意，图中刻度为对数尺，每一个刻度都是前一个的 10 倍。

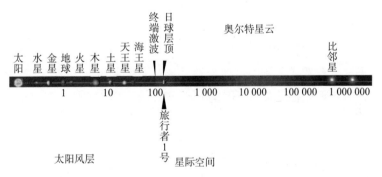

资料来源：美国宇航局、加州理工学院喷气推进实验室。

围绕太阳公转最远的星体位于奥尔特星云，是众多彗星的远日点。彗星仿佛在奥尔特星云静止不动，是因为它们的轨道为巨大的椭圆形。奥尔特星云的最远端距离太阳大概 50 000AU，不到

1 光年（"光年"的定义见下文。）

天文学家判断太阳系边界的第二个指标为太阳引力的边缘。在那里，太阳引力不再唯我独尊，其他恒星的引力开始与之抗衡。这条边界并不清晰，它大概位于距离太阳 2 光年的地方。当我们摆脱了太阳的作用和影响后就进入了外太空。

所以说太阳系的半径约为 2 光年，直径最大为 4 光年。

基准数字

太阳系的直径（最大）为 4 光年。人类已知星体聚集在离太阳不远处，它们只占太阳系中心极小的一部分。

光年

乍一看，你可能认为光年是时间单位，但它其实是距离单位。自古以来，人类就喜欢用时间表达距离，例如"朋友家离我家只有 15 分钟路程""亲戚住在离我家开车 2 小时远的地方"。我们利用自己对速度的理解（步行速度、驾车速度）将时间测量转换为距离测量。光在宇宙中传播，光速为全宇宙中最快的速度。因此天文学根据光在一定时间内的传播距离制定单位。

"日地距离为 25/3 光分"与"车站离我家骑车 15 分钟"这两种表达没有本质区别。虽然光秒、光时、光天都可以充当距离单位，但光年更有意义，它指光在一年中行走的距离。[1]

1 光年是个大数字吗？答案还是一样，是不是大数字取决于具

---

[1] 天文学家也喜欢用"秒差距"衡量星体间的距离，1 秒差距为 3.26 光年。之所以使用"秒差距"这个单位，是因为它和天文学家测量星体距离的方法有关。当你摇头时，眼前物体相对于较远物体的位置好像发生了变化（这一现象称为"视差"）。所以在地球公转时，附近星体相对于远处星体的位置也会发生类似变化。当地球公转垂直距离为 1AU 时，远处星体在视觉上变化 1 角秒（1/3 600°），这是从地球到该星体的距离。实际操作中，天文学家会在一年中选择两个合适的时间点进行观测，（它们间隔六个月，这意味着地球公转垂直距离为 2AU），然后再用测量结果除以 2。

体场景。1 光年大概等于 63 250AU。也就是说，1 光年是日地距离的 6.325 万倍。

如果我们选择千米作为距离单位，那么就需要用到科学家的计数方法，即"科学计数法"。以下两种说法相同：

- 1 光年约等于 9.5 万亿千米。
- 1 光年约等于 9.5×10^{15} 米。

基准数字

1 光年约等于：

太阳系半径的一半。

10 万亿千米。

10^{16} 米。

星际穿越

距离太阳最近的三颗恒星位于同一个恒星系——半人马座阿尔法星，距离太阳 4.37 光年。在我们能看到的"星星"当中，它的亮度排第三。这三颗恒星中，红矮星比邻星最靠近太阳。科学家发现比邻星的一颗行星正好位于宜居区（温度可使水保持液态）。[①]

第二靠近太阳的恒星为巴纳德星，它也是一颗红矮星，距离太阳大约 6 光年，但我们看不见它。天空中最亮的恒星为天狼星，它距离地球大约 8.6 光年。亮度排名第八的小犬座阿尔法星（南河三星）距离地球 11.5 光年（天空中第二亮的恒星老人星远在 310 光年处）。

基准数字

最靠近太阳的恒星距离太阳 4.37 光年。

---

① 在距离太阳最近的邻居星系中其实也存在一颗满足这个条件的行星。由此可见，这样的行星出乎意料地常见。

太阳是螺旋星系银河系的一部分。银河系中的本星系泡离我们最近，它直径 300 光年，是太阳系的 75 倍。本星系泡是银河系猎户座—天鹅座旋臂的一部分，该旋臂宽约 3 500 光年，长约 1 万光年。

整个银河系的直径约为 12 万光年（太阳引力作用范围的直径只有 4 光年），我们距离银河系中心约 2.7 万光年，小于银河系半径的 1/2。

> **基准数字**
>
> 银河系直径为 12 万光年。
>
> 这是本星系泡直径的 400 倍，太阳系直径的 3 万倍。

银河系周围有许多小型的卫星星系，其中仙女星系离我们最近且与地球大小相当。它距离地球 256 万光年，直径达 22 万光年（约是银河系的 2 倍）。仙女星系、银河系、三角座星系和 51 个较小的星系被统称为本星系群，直径约为 1 000 万光年。

> **基准数字**
>
> 本星系群的直径为 1 000 万光年，大约是银河系直径的 80 倍。

数量级

到目前为止，我们已经学到了几个处理大数字的方法，其中之一就是分而治之。我们首先将大数字切割成两部分——有效数位（1 到 1 000 的小数字）＋数量级，然后再挑选一个合适的单位，比如光年。这个技巧可以帮助我们"驯服"大数字。但若遇到超过 100 万光年的太空距离时，这个技巧就行不通了。此外，太空领域的基准数字也不多。

我们遇到的单位越来越大，讨论的体积、距离越来越粗略，因此有效数位的重要性越来越低。面对天文数字，我们能把握它的数量级就已足够，没有必要去追求精确度，这样做很不切实际。数字的数量级才是我们应该关注的重点。不妨回想一下对数尺，当数量乘以 10 后，刻度只增加了 1。要理解星际宇宙中的数字，我们最好弄清楚它们的数量级。

沿着这种思路，我们可以说银河系的直径是 10^{21} 米，比太阳系直径（$4×10^{16}$）大 4~5 个数量级。本星系群大概比银河系大 2 个数量级。攻破天文数字的关键就在于把握它的量级。

超星系团

银河系属于本星系群，但它也是拉尼亚凯亚超星系团的一部分。这个超星系团包含 10 万个星系，直径达 5.2 亿光年，比本星系群大 52 倍（大 2 个数量级）。可观测宇宙中大约存在 1 000 万个超星系团。超星系团会构成更大的结构，纤维状结构、墙状结构、片状结构……它们可以延展数十亿光年。

> **基准数字**
> 拉尼亚凯亚超星系团的直径为 5.2 亿光年，约是本星系群的 52 倍。

来自遥远太空的信息

旅程进行到这里，我们已经遇到了不少天文数字，我们只能通过数量级去理解它们。撰写本书期间，可观测宇宙范围内的星系的估计数量从 1 000 亿增加到了 2 万亿，相差 20 倍，这一修正并非随心所欲。过去 20 年，天文学家一直在研究通过哈勃望远镜观测到的数据，它们揭示了前所未有的信息。接任哈勃望远镜的是詹姆斯·韦伯太空望远镜，目前它已完成开发，预计 2021 年发射升空。毫无疑问，詹姆斯·韦伯太空望远镜将带来更多、更深入的发现，届时数据又会更新。

2015 年，激光干涉引力波天文台（LIGO）首次观测到两个黑洞合并产生的引力波，位于距离地球 14±6 亿光年的地方，大概是拉尼亚凯亚超星系团直径的 3 倍。这是一个大数字，但还不够大。

万物的大小（人类可观测范围内）

人类能够观测到的宇宙范围有限。超过这个范围后，自宇宙诞生开始，光还没有足够的时间到达地球。科学家已经检测到宇宙大爆炸后不久（38 万年）的辐射，源头距离地球 464 亿光年（光在向地球运动的同时宇宙也在膨胀，这使辐射源离地球越来越远）。由此我们可以计算出可观测宇宙的直径约为 930 亿光年，大约是我们所在的超星系团的 180 倍。

如果我们只关注数量级同时将它们可视化为对数尺上的刻度，那么可以得到以下几组对比：

基准数字

可观测宇宙比我们所在的超星系团大 2 个数量级。

我们所在的超星系团比本星系群大 2 个数量级。

本星系群比银河系大 2 个数量级。

银河系比本星系泡大 2.5 个数量级。

本星系泡比太阳系大 2 个数量级。

太阳系比地球公转轨道范围大 5 个数量级。

可观测宇宙的直径比地球公转轨道直径大 15.2 个数量级，即 3 000 万亿倍。它是银河系直径的 100 万倍。[①] 可观测宇宙的直径可以说是世界上最长的距离了。

---

① 我们一直在比较直线距离。如果要比较体积，我们需要在这些数字的右上角加上立方，这样就可以计算可观测宇宙能容纳多少个银河系了。可观测宇宙的体积是银河系体积的 1 018 倍。换言之，银河系的体积是可观测宇宙的 1/1 018。

基准数字

可观测宇宙的直径为：

930 亿光年；

6×10^{15} AU；

8.8×10^{26} 米。

10 亿千米有多远

以下数字阶梯罗列了一些太空距离。

500 千米	国际空间站的轨道高度（400 千米）
1 000 千米	极地轨道卫星的轨道高度（1 000 千米）
2 000 千米	月球直径（3 480 千米）
5 000 千米	地球平均半径（6 370 千米）
1 万千米	金星直径（1.201 万千米）
2 万千米	地球同步卫星的轨道高度（3.58 万千米）
5 万千米	海王星直径（4.92 万千米）
10 万千米	土星直径（11.64 万千米）
20 万千米	土星环直径（28.2 万千米）
50 万千米	地球到月球的距离（38.4 万千米）
100 万千米	太阳直径（139.1 万千米）
200 万千米	天狼星（亮度仅次于太阳）直径（238 万千米）
5 000 万千米	太阳到水星的距离（5 800 万千米）
1 亿千米	老人星（亮度仅次于太阳、天狼星）直径（9 900 万千米）
	太阳到地球的距离（1.496 亿千米）
2 亿千米	太阳到火星的距离（2.28 亿千米）
5 亿千米	太阳到谷神星的距离（4.14 亿千米）
10 亿千米	太阳到木星的距离（7.78 亿千米）

	地球绕太阳公转轨道的周长（9.4 亿千米）
20 亿千米	大犬座 VY（肉眼可见的最大恒星）直径（19.8 亿千米）
50 亿千米	太阳到海王星的距离（45 亿千米）
	哈雷彗星到太阳的最远距离（远地点）（52.5 亿千米）
100 亿千米	到阋神星（矮行星）的距离（101.7 亿千米）
200 亿千米	到日球层顶的距离（179.5 亿千米）
5 万亿千米	奥尔特星云外侧（7.5 万亿千米）
10 万亿千米	1 光年（9.46 万亿千米）
20 万亿千米	1 秒差距（31 万亿千米）
50 万亿千米	到比邻星（离太阳最近的恒星）的距离（39.9 万亿千米）
100 万亿千米	到天狼星（夜空中最亮的恒星）的距离（81.5 万亿千米）
2 000 万亿千米	到老人星（夜空中第二亮的恒星）的距离（2 940 万亿千米）
10^{18} 千米	银河系直径（1.135×10^{18} 千米）
2×10^{18} 千米	仙女星系（离银河系最近的大星系）直径 2.08×10^{18} 千米
2×10^{19} 千米	到仙女星系的距离（2.422×10^{19} 千米）
10^{20} 千米	本星系群直径（9.5×10^{19} 千米）
5×10^{21} 千米	拉尼亚凯亚超星系团直径（4.92×10^{21} 千米）
10^{24} 千米	可观测宇宙的直径（8.8×10^{23} 千米）

宇宙的重量

我已经解释了引力如何影响天体运动，引力如何产生潮汐，但我还未解释引力的原因。

——艾萨克·牛顿

如何测量星体质量

做饭时如果需要 500 克面粉，我们会拿出食物秤，它能测量面粉受到的地球引力。食物秤经过校准，可以精确显示面粉受到的引力大小。

根据艾萨克·牛顿的万有引力公式，两个物体之间的引力大小取决于物体的质量与它们之间的距离。虽然牛顿发现了引力的本质，但他却不知道引力常量（G）。不知道这个常量就无法完成公式计算。直到 1798 年，亨利·卡文迪许才在实验室中测量出了大型球体之间的引力，从而完成了牛顿的公式。① 卡文迪许计算了地球相对于水的密度，得到 5.448（很接近今天的 5.515）。

知道地球的体积为 1.08×10^{21} 立方米后，我们可以计算出地球质量为 6×10^{24} 千克左右。

> **基准数字**
>
> 地球的质量为 6×10^{24} 千克。

这确实是一个大数字，但还不够大，因为我们还没了解其他星球的质量。单从数字上看，6×10^{24} 是银河系直径米数的 6 000 倍，它比距离那一部分的几乎所有数字都要大（只有两个例外），所以这个数字极具挑战性。难道就没有办法理解它了吗？下文中我们还会遇到比这更大的数字，我们应该怎么做呢？

或许我们可以换个表达方式，例如地球的质量是（600 万×10亿×10 亿）千克，但好像于事无补。那么视觉化呢？让我们通过想象力去简化这个数字，让它更接地气，这样我们至少能把握它的数量级。

---

① 亨利·卡文迪许的公式不同于我们今天所使用的。虽然他没有计算出引力常数（G），但公式是等价的。

地球的体积大约是 1 万亿立方千米。[1] 根据卡文迪许的计算，地球每 1 立方米的质量大约为 5 500 千克。我们还知道 1 立方千米等于 10 亿立方米，万亿有 12 个数量级，10 亿有 9 个，5 500 有 3 个，三者相加得知地球质量的数量级为 24，粗略计算下来结果为 (5.5×10^{24}) 千克，与上文的基准数字相差不大。大数字无疑，地球自身的大小、地球上岩石和铁的密度造就了它。[2]

倘若我们要计算其他星体的质量，千克或吨这样的单位就会太小。也许我们需要换一个单位，天文学家就是这么做的。对于较小的行星，他们使用"地球质量"作为新的单位；对于较大的行星，他们选择"木星质量"；[3] 对于恒星，他们则使用"太阳质量"。

行星和太阳的质量

太阳系中主要天体的质量如下表所示。

天体	质量（千克）	×太阳质量	×地球质量	×木星质量
太阳	1.99×10^{30}	1.00	333 000.000 0	1 050.000 0
水星	3.30×10^{23}	1.66×10^{-7}	0.055 3	$1.740 0 \times 10^{-4}$
金星	4.87×10^{24}	2.45×10^{-6}	0.815 0	$2.560 0 \times 10^{-3}$
地球	5.97×10^{24}	3.00×10^{-6}	1.000 0	$3.140 0 \times 10^{-3}$
月球	7.34×10^{22}	3.69×10^{-8}	0.012 3	$3.860 0 \times 10^{-5}$
火星	6.42×10^{23}	3.23×10^{-7}	0.108 0	338.00×10^{-6}
谷神星	9.39×10^{20}	4.72×10^{-10}	$1.570 0 \times 10^{-4}$	$4.940 0 \times 10^{-7}$

----

[1] 我们来快速验证一下它：边长 1 万千米的正方体的体积为 1 万亿立方千米。如果地球也是正方体，那么它的周长为 4 万千米，与赤道长度相同。

[2] 花岗岩的密度约为 2 750 千克/立方米，铁的密度约为 7 850 千克/立方米。

[3] 天文学家在不断发现新的系外行星（泛指太阳系以外的行星），所以星体质量是个不错的单位。

天体	质量（千克）	×太阳质量	×地球质量	×木星质量
小行星带	$3.00×10^{21}$	$1.51×10^{-9}$	$5.0200×10^{-4}$	$1.5800×10^{-6}$
木星	$1.90×10^{27}$	$9.55×10^{-4}$	318.0000	1.0000
土星	$5.69×10^{26}$	$2.86×10^{-4}$	95.3000	0.2990
天王星	$8.68×10^{25}$	$4.36×10^{-5}$	14.5000	0.0457
海王星	$1.02×10^{26}$	$5.13×10^{-5}$	17.1000	0.0537
冥王星	$1.47×10^{22}$	$7.39×10^{-9}$	$2.4600×10^{-3}$	$7.7400×10^{-6}$
妊神星	$4.00×10^{21}$	$2.01×10^{-9}$	$6.7000×10^{-4}$	$2.1100×10^{-6}$
鸟神星	$4.40×10^{21}$	$2.21×10^{-9}$	$7.3700×10^{-4}$	$2.3200×10^{-6}$
阋神星	$1.66×10^{22}$	$8.35×10^{-9}$	$2.7800×10^{-3}$	$8.7400×10^{-6}$

上表中的基准数字：

基准数字

太阳的质量是地球的 33.3 万倍。

太阳的质量是木星的 1 000 多倍。

太阳的质量非常接近 $2×10^{30}$ 千克。

火星的质量不到地球质量的 1/10。

地球的质量超过水星、金星和火星的质量之和。

天王星和海王星的质量之和只有木星的 1/10。

阋神星比冥王星重 1/8。

地球与月球的舞蹈

月球是地球质量的 1.2% ，那地球和月球质量的中心——重心在哪呢？如果将地球与月球的中心连线，重心会在 1.2% 的位置，也就是距离地心 4 700 千米的位置，约等于地心到地表距离的 2/3。

通常在比较地球与月球时，我们会假设地球静止、月球绕地球公转。但事实上两个天体都在以重心为中心旋转，好比链球运动员握着链球把手和球一起旋转。这就意味着地球绕太阳公转时也在自转。在太阳系的所有行星中，卫星与行星质量比最大的就是月球和地球了。

彗星和小行星

2016 年 9 月，"罗塞塔"号空间探测器结束了对丘里莫夫—格拉西缅科（67P）彗星的探测任务。这颗彗星最长处为 4.1 千米，质量是 1.0×10^{13} 千克，几乎比地球小 12 个数量级（百万分之一的百万分之一）。人类已经追踪了哈雷彗星几个世纪。和 67P 相比，哈雷彗星更大，它长 15 千米，质量是 67P 的 30 倍。

上文表格中的谷神星是一颗矮行星，也是小行星带无数星体中最大的一颗。谷神星的质量占小行星带的 1/3。小行星带的总质量约为 3×10^{21} 千克，占月球质量的 4%。

银河系与远方

银河系中恒星的总质量约为 6×10^{11}（6 000 亿）太阳质量，即 1.2×10^{42} 千克。可观测宇宙中所有可见物质的总质量约 10^{53} 千克，比银河系质量大 11 个数量级。暗物质并不包括在内，人类还不了解它们的属性。目前科学家认为暗物质的总量是普通物质的 5 倍。

天文密度

地球的密度是太阳系所有行星中最大的，约 5 500 千克/立方米（水的密度是 1 000 千克/立方米、铁的密度是 7 870 千克/立方米、花岗岩的密度是 2 700 千克/立方米）。水星和金星的密度略低，火星的密度更低，为 3 900 千克/立方米。月球的密度低于火星，为 3 340 千克/立方米。

巨大气态行星的密度非常低，例如海王星为 1 600 千克/立方米、土星仅为 700 千克/立方米。也就是说，土星的平均密度小于水，理论上它可以浮在水面上！太阳的密度约为 1 400 千克/立方米，远低于地球。

已知密度最大的恒星是中子星，它是恒星坍缩成中子核时形成的，密度与原子核相当。中子星的质量可能是太阳的两倍，直径却只有 10 千米左右。计算下来，它的密度约为 4×10^{17} 千克/立方米，比太阳大 14 个数量级。

那黑洞呢？它们肯定是宇宙中密度最大的吧？事实上，我们还不知道这个问题的答案。黑洞存在于视界面之内，人类尚无法证明它的构成。

我从来没有听说过！

天王星的直径（5.07 万千米）约为
　4×地球的直径（1.276 万千米）。

地月距离（38.4 万千米）约为
　1 000×泰晤士河的长度（386 千米）

土星环的直径（28.2 万千米）约为
　2×木星的直径（13.98 万千米）。

金星的直径（1.201 万千米）约为
　5 000×德比赛马锦标赛赛程（2.4 千米）。

火星的直径（6 790 千米）约为
　1 000×牛津—剑桥赛艇赛程（6.8 千米）。

地球绕太阳公转轨道的周长（9.4 亿千米）约为
　25×密西西比河的长度（3 730 千米）。

太阳的直径（139.1 万千米）约为
　400×月球的直径（3 480 千米）。

"阿波罗土星五号"运载火箭的长度（110.6 米）约为
　50×《星球大战》中楚巴卡的身高（2.21 米）。

一束能量
测量能量

当我们用线圈缠绕铁环，

我们便给它接上了发电机。

此时一股奇怪的力量产生了，

这让我们既惊奇又高兴。

于是，我们可以任意转换、传递和引导能量。

———尼古拉·特斯拉

下列哪个数字最大？

□ 代谢 1 克脂肪释放的能量

□ 1 克重的流星撞击地球的能量

□ 1 克汽油燃烧释放的能量

□ 1 克 TNT 爆炸释放的能量

能量数字

一根火柴燃烧会释放约 1 000 焦耳的能量。这是个大数字吗？

一根士力架巧克力棒约含 136 万焦耳的能量。这是个大数字吗？

一桶石油燃烧会释放约 60 亿焦耳的能量。这是个大数字吗？

214

迷茫和困惑

能量这个话题比较复杂。爱因斯坦的公式 $E=mc^2$ 告诉我们质量和能量其实是同一事物的不同形式。自贸易出现以来，人们就开始计数与测量事物，它们贯穿我们的历史。但直到 19 世纪，通过詹姆斯·焦耳的研究人们才明白一个道理——不同形式的能量其实是一回事。质量和能量同是宇宙的组成部分，后者更为基础，但人们未对它形成统一认识，所以测量能量的方式五花八门。

能量这一概念的确定时间较晚，所以能量单位相对混乱，这点可以理解。如果你期待在这一章找到统一的能量单位或者能量单位之间的换算规律，那你的希望要落空了，不如直接跳过本章。

你会发现能量单位是个大杂烩，每种能量单位都源于不同的人类活动。测量对象不同，单位也不同。例如：食品能量、电的能量、燃料能量和爆炸能量。

理论上，它们都可以用同一国际单位——焦耳表示，但日常生活中人们其实不太喜欢使用焦耳。

早期能量单位

几个世纪以来人们一直在进行能量交易：石油可以发热和照明，煤炭和泥炭可以发热，人的劳动力可以被买卖。一捆柴火、一桶石油，这些都属于间接能量单位。

旧时，人们使用"一天的劳动"去测量能量，除此以外没有其他接地气的人体单位了。[①] 17 世纪晚期，戈特弗里德·莱布尼茨第一次量化能量，更准确地说应该是"计算"能量而不是"测量"能量，毕竟当时还没有能量测量工具。莱布尼茨发现，许多机械系统中存在一个守恒的量（以质量和速度的平方为基础）。他把这个量称为"生命的力量"，今天我们将它称为"动能"。

---

① 大约 6 000 千焦。

由于能量存在多种形式（动能、势能、化学能），它们没有统一的标准和测量方法。19 世纪中期，詹姆斯·焦耳通过实验测到了物体温度的上升，从而成为识别、测量势能如何转化为热能的先驱。焦耳设计了一个装置，它先将重物升高然后让其下落，以此去驱动踏板搅动液体，于是动能产生、水温升高。为了纪念他，国际单位制将能量单位命名为焦耳（J）。但 1 焦耳有多大呢？

1 焦耳有多大

焦耳的定义比较复杂，与人们日常生活经验相去甚远，理解起来可能十分困难。它是一个派生单位，其定义依赖其他更基本的单位。读到这里，你可能会产生合上书的念头。

1 焦耳能量相等于物体在 1 牛顿的作用下移动了 1 米所做的功。牛顿又是什么？谁发明了这个单位？其实，没有牛顿就没有焦耳。牛顿是国际单位制中表示力的单位，同为派生单位。1 牛顿指"能使 1 千克质量的物体获得 1 米/平方米的加速度所需的力的大小"。

还是不好理解，对吧？我可以想象你在阅读上一段时的心情。这个定义太晦涩，不如换一种方法去解释它。[1] 以下是 1 焦耳在日常生活中的体现：

1 个 100 克的西红柿从 1 米处落下且没有反弹，它将消耗 1 焦耳。

将 1 毫升水的温度提高约 1/4 摄氏度需要 1 焦耳。[2]

1 瓦特 LED 灯工作 1 秒——詹姆斯·瓦特出场了——需要

---

[1]　如果你还是想弄清楚这个定义，那么请想象你用某个力（比如手的力）去推动 1 千克重的物体，它位于摩擦力为零的平面之上。在力的作用下，原本静止的物体开始运动，运动距离为 1 米。力的大小始终保持不变以确保物体均匀加速。如果你能在 1.4 秒内将物体推动 1 米，那么它的运动速度就是 1.4 米/秒。你将 1 焦耳的力传了这个物体。

[2]　将焦耳与另外一个能量单位联系起来——卡路里。1 卡路里能使 1 克水温度上升 1 摄氏度，和焦耳最初的实验相呼应。

1 焦耳（1 瓦的 LED 灯足够满足阅读需求了）。

如你所见，焦耳是一个相当小的能量单位。人体能感受到 1 焦耳吗？几乎感受不到，毕竟它太小了，没有太大的讨论价值。1 节 5 号电池就能存储约 1 万焦耳的能量，小小的身体大大的能量。

如果焦耳太小、实用性太低，那不如看看其他大小更合适的单位——千瓦时（kWh），它为电量消耗的标准单位，1 千瓦时为 360 万焦耳。如果 3 000 瓦功率的电水壶一天烧四次开水，每次 5 分钟，那它会消耗 1 千瓦时的电。

这样一讲大家就更容易感受能量了。2016 年，1 千瓦时的电费约 15 便士。英国燃气与电力监管办公室公布了常规家庭的用电情况。通常一个普通家庭每年消耗 3 100 千瓦时的电量，相当于每天消耗 8.5 千瓦时左右。大多数英国家庭的取暖和热水都依靠天然气，它的消耗量是电力消耗的 4 倍左右。统一换算为电能的话，英国一个普通家庭每天消耗 40 千瓦时的电和气。[1]

食物中的能量

我们通过进食吸收能量从而为身体提供动力。以前我们使用卡路里测量食物的能量。在科学界，1 卡路里为 1 克重的水温度升高 1 摄氏度所需的能量。它受到气压、初始温度等因素的影响，环境不同所需的能量也不同。因此 1 卡路里具有多种定义，其中最常用的是热化学卡路里，等于 4.184 焦耳。

但实际情况没那么简单。1 卡路里实在太小了，所以营养学界采用"千卡"为单位，但仍称其为"卡路里"或"大卡"。如果你善于身材管理，肯定听过它。

鉴于营养学界的卡路里是科学界的卡路里的 1 000 倍，所以它等于 1 千克的水温度升高 1 摄氏度所需的能量。如果水壶里装着 2

---

[1] 北美地区使用英制热力单位（BTU）测量燃料能量，然而讽刺的是它已经被英国抛弃了。

升水（约重 2 千克），水温从 20 摄氏度升高到 100 摄氏度则需要 160 大卡，约 670 千焦（kJ）。

虽然你可以在网上搜到各种食物的热量，但我仍想提供几个数据作为参考：

- 鸡肉沙拉三明治——250 大卡
- 1 杯橙汁（200 毫升）——90 大卡
- 1 条士力架（64.5 克）——325 大卡

食物中的能量是一回事，能量消耗又是另一回事。

目前，专家推荐男性每天消耗 2 500 大卡，推荐女性每天消耗 2 000 大卡。我们经常看到某一项体育运动能消耗多少卡路里，但其实身体消耗能量的主要方式是生存——保持身体运转、维持生命。每天，人体基本的新陈代谢过程将消耗大部分能量（即使不做任何运动），基础代谢率（Basal Metabolic Rate，BMR）可以达到每天摄入能量的 75% 以上。如果你将运动量增加 1 倍，所消耗的能量并没有你想象中那么多。如果基础代谢将消耗 75% 的能量（运动消耗剩下的 25%），那么当运动量增加一倍时，身体只能多燃烧 25% 的卡路里。

燃料中的能量

1 升汽油有多少能量？汽油的能量密度为 34.2 兆焦耳/升，每升约 10 千瓦时，恰好约等于同等体积的动植物脂肪中的可用能量，等于连续 10 天每天烧 4 壶水，约为英国普通家庭每天消耗能量的 1/4。

下表提供了汽油和其他一些燃料的能量密度。

燃料名称	能量密度
铅酸电池	0.047kWh/kg
碱性电池	0.139kWh/kg
锂电池	最高 0.240kWh/kg

续表

燃料名称	能量密度
火药	0.833kWh/kg
TNT 炸药	1.278kWh/kg
木材	4.500kWh/kg
煤	最高 9.700kWh/kg
乙醇	7.300kWh/kg
食用脂肪	10.300kWh/kg
汽油	10.900kWh/kg
柴油	13.300kWh/kg
天然气	15.400kWh/kg
压缩氢气	39.400kWh/kg

你消耗了多少能量

在不同国家，人均能量消耗也不同，这点很好理解。生活在寒带的人能量消耗更高。如果能量价格便宜、获取方便，消耗也会增加。这样一来，冰岛成为了人均能量消耗最高的国家。2014 年，冰岛每人每天消耗的能量相当于燃烧 59 升汽油。冰岛居民消耗的大多数能量都来自可再生资源而不是石油。几乎全部电力都来自水能和地热能，地热资源能够满足其 90% 的供暖需求。

2014 年，美国人每天消耗的能量相当于 23 升汽油，英国人只有 9 升多，中国人只有 7.4 升，巴基斯坦则低至 1.6 升。

整个世界消耗了多少能量？2014 年，全世界总能耗约为 1 400 亿吨石油当量。"百万吨石油当量"，能量太大的情况下我们可以选择这个单位①。121 吨石油当量为 42 千兆焦耳，相当于 11.62 兆瓦时。

这样算下来，2014 年全世界大约消耗了（1.627×10^{14}）千瓦

---

① 还有一个单位叫"吨煤当量"（tce）。

时的能量。这个数字是否合理？我们可以用比率、比例以及交叉比较。

用 2014 年能耗总量除以世界人口 72.4 亿后得到 2.247 万千瓦时，相当于每人每天消耗 62 千瓦时，电费为 9.3 英镑（按英国价格计算），可以烧水 248 次。这个数字看似不小，但它不仅包括家庭用能，还包括其他所有直接或间接的能源消耗方式，如工作、交通或听音乐会。它还包括世界上与你有关的所有活动，例如工厂生产商品、各种商业活动以及电力传输、发电效率低下等造成的浪费。有时候，浪费率高达 25%。

基准数字

2014 年每人每天平均消耗 60 千瓦时左右的能量，约燃烧 10 升汽油的能量。

但这个平均数字并不能反映全部情况，它掩盖了不同地区在能源使用方面的巨大差异。冰岛人均能量消耗是巴基斯坦人的 36 倍。平均数可能会误导我们，后面的章节会详细探讨这个问题。

温度

温度本身不是能量，它只是内在热能的外在表现。但与能量不同，温度能被我们直接感知。有机体、新陈代谢以及大多数化学反应对温度都非常敏感，因此我们的身体会连续不断地、不自觉地调节体温。一旦这种机制出现故障，我们就会生病。此外，不管是生产钢铁还是巧克力，精确的温度测量和控制至关重要。温度的英文单词为 temperature，其中 temper 就表示"调节"。

在过去，温度（冷、热）仅仅是一种直觉，一种最直观的感觉。厨师和铁匠全凭自己的经验和直觉判断温度。在统计热力学理论提出之前，科学界并没有研究过温度，物理学界也没有解释过温度。其实，测量温度就是在测量物体的分子平均动能。虽然我们能感知温度，但这种感知主观性很强。要想科学地测量温度，我们需要了解物体在不同温度下的变化规律，即热胀冷缩。

1714年，丹尼尔·华伦海特发明了汞温度计，并于10年后发布了华氏温标。该温标设定了一系列参考点，并根据它们绘制刻度，这是人类首次合理测量温度。华伦海特将盐水的冰点设为刻度零点，将水的冰点定为32℉，将人的健康体温定为96℉，这三个温度便是参考点。后来华氏温标进行了调整，盐水的冰点和人的体温不再是参考点。此外，水的沸点被定为212℉，比其冰点高180℉。180~212℉的温度根据汞的热胀冷缩来确定。

摄氏温标使用0℃表示水的冰点，100℃表示水的沸点，这种方式更符合人们的思维习惯。两种温标都有负数读数，负数在日常度量中其实并不太常见。测量温度就是在测量分子平均动能，动能也可以为零，于是概念"零度"被引入温标，开氏温标诞生了。零度并不是指水的冰点而是分子平均动能为零时的温度。开氏温标的零度被称为"绝对零度"。它的刻度与摄氏温标相同，因此水的冰点等于273.15K。

日常度量与科学度量又一次产生冲突。做科研时，遇到温度极低的情况就可以选择开氏温标[1]，然而摄氏温标和华氏温标更适用于日常生活。

经验法则

$℃ = 5 \times (℉ - 32) / 9$

$℉ = 32 + 9 \times ℃ / 5$

$K = ℃ + 273.15$

---

[1] 自1968年起，开氏温标的单位由"开尔文"改为"开"。

基准数字

摄氏零下40度刚好等于华氏零下40度。

10℃等于50℉（天气：凉爽）。

25℃等于77℉（天气：暖和）。

40℃等于104℉（高烧，需立刻就医）。

其他一些值得关注的温度：

- 熔点/沸点

0°氦：0.95K/4.22 K（−272.2℃／−268.93℃）

1°氮：63.15K/77.36K（−210.00℃/−195.79℃）

2°二氧化碳：（升华温度）[①] 194.65K（−78.50℃）

3°汞：−39℃/357℃

4°锡：232℃/2 602℃

5°铅：328℃/1 749℃

6°银：962℃/2 162℃

7°金：1 064℃/2 970℃

8°铜：1 085℃/2 562℃

9°铁：1 538℃[②]/2 861℃

- 燃点

0°柴油：210℃

1°汽油：247℃~280℃

2°乙醇（酒精）：363℃

3°丁烷：405℃

---

① 从固体"干冰"直接变为气态，舞台上常见的雾气其实就是升华后的干冰。

② 熔制铁器标志着"铁器时代"的开始。青铜时代结束很久之后人类才进入铁器时代，因为铁的熔点比青铜（950℃）高得多。人类必须将温度再升高500℃才能熔化铁。

4°纸：218℃～246℃①

5°皮革/羊皮纸：200℃～212℃

6°镁：473℃

7°氢：536℃

- 其他温度

0°家庭用火：600℃左右

1°铁匠用火：650℃～1 300℃

2°炼钢高炉：最高温度 2 000℃

3°铝粉烟花：3 000℃

大大小小的爆炸

比较不同形式的能量是一种挑战。一根士力架巧克力棒含有 136 万焦耳的能量，相当于 0.45 千克火药的能量。但由于两者燃烧速度不同，它们释放能量的效果也大不相同。

火药的能量密度约 3 兆焦耳/千克，因此点燃 1 克火药将释放 3 000焦耳能量，约 1/3 节 5 号电池。其实，火药的能量密度还不到汽油的 1/10。火药之所以是一种爆炸物，是因为它释放能量的速度非常快。

步枪子弹，例如 5.56 毫米的北约标准步枪弹，其枪口动能只有 1 800 焦耳。但当它击中目标后，这"微小"的动能会迅速作用到目标身上，在极短的时间内产生极大的破坏力。

观赏烟花含有 100 克爆炸性的"闪光粉"，其能量密度约 9.2 兆焦耳/千克，能释放 1 000 千焦耳左右的能量，约为步枪子弹的 500 倍。

三硝基甲苯（TNT）的能量密度比闪光粉低，约为 4.6 兆焦耳/千克，但 TNT 已成为爆炸测量标准。

---

① 424℉～475℉。雷·布莱伯利出了一本小说，标题为《华氏 451 度》，这个温度为纸的燃点，书中消防员的工作不是灭火而是焚书。

1 吨 TNT 爆炸时会释放 4.184 吉焦耳（GJ）的能量，它已成为比较爆炸能量的标尺。例如，战斧巡航导弹大概相当于半吨 TNT 炸药。

美国投在广岛的原子弹相当于 15 千吨 TNT。冷战白热化时期的炸弹威力最大相当于 50 兆吨 TNT，也就是 100 多皮焦耳（PJ）。[①]

说到破坏力，大自然远胜过人类。1883 年喀拉喀托火山爆发[②]，释放了约 200 兆吨的能量，持续多年影响着地球的气温。每分钟，太阳会向地表发射 $5×10^{18}$ 焦耳的能量，即 1 200 兆吨，相当于 6 座喀拉喀托火山爆发。

能量数字阶梯

1 焦耳	重 100 克的西红柿从 1 米处坠落释放的能量
300 焦耳	人拼尽全力跳高时的动能
360 焦耳	顶级运动员投掷标枪的动能
600 焦耳	顶级运动员投掷铁饼的动能
800 焦耳	将体重 80 千克的人抬起 1 米所需的能量
1 400 焦耳	地球轨道上 1 平方米表面积在 1 秒内受到的太阳辐射
2 300 焦耳	1 克水蒸发所需的能量
3 400 焦耳	顶级运动员投掷链球的动能
4 200 焦耳	1 克 TNT 爆炸释放的能量 = 食物热量 1 大卡
7 000 焦耳	0.458 口径温彻斯特马格南子弹的枪口势能
9 000 焦耳	1 节 5 号电池的能量
3.8 万焦耳	代谢 1 克脂肪释放的能量

---

① 1 皮焦耳 = 10^{15} 焦耳。

② 人类有史以来听到的最大声响。

4.5 万焦耳	燃烧 1 克汽油释放的能量
30 万焦耳	1 吨重的小汽车以 90 千米/小时行驶时的动能
1.2 兆焦耳	1 根士力架的能量（280 大卡）
4.2 兆焦耳	1 千克 TNT 爆炸释放的能量
10 兆焦耳	每人每天建议摄入的食物能量

啪！砰！咚！

1 克 TNT 爆炸释放的能量（4.2 千焦耳）

　　等于 1 大卡食物的能量（4.2 千焦耳）。

代谢 1 克碳水化合物释放的能量（17 千焦耳）为

　　5×奥运会运动员投掷链球的动能（3.4 千焦耳）。

代谢 1 杯浓缩咖啡释放的能量（92 千焦耳）为

　　40×1 克水蒸发的能量（2.3 千焦耳）。

燃烧 1 克汽油释放的能量（45 千焦耳）为

　　5×1 节 5 号电池的能量（9 千焦耳）。

奥运会运动员投掷铅球的能量（780 焦耳）

　　等于将体重 80 千克的人抬起 1 米所需的能量（780 焦耳）。

代谢 1 品脱啤酒释放的能量（764 千焦耳）约为

　　2.5×代谢 1 个 50 克鸡蛋的能量（308 千焦耳）。

代谢 1 杯葡萄酒释放的能量（450 千焦耳）为

　　10×燃烧 1 克汽油释放的能量（45 千焦耳）。

燃烧 1 克汽油释放的能量（45 千焦耳）为

　　25×M16 步枪子弹的动能（1.8 千焦耳）。

喀拉喀托火山爆发的能量（837 太焦耳）约为

　　4×史上最大规模核武器的能量（210 太焦耳）。

比特、字节和文字
测量信息时代

作为最小信息单位以及信息理论的基础，比特是一种选择，是或否，开或关。你可以在电路中体现这一选择，这要归功于无处不在的计算能力。

——詹姆斯·格里克

下列哪台计算机内存最大？

- □ 第一台苹果 Mac 计算机
- □ 第一台 IBM 个人计算机
- □ BBC 推出的 Micro：bit 计算机
- □ 第一代 Commodore 64 计算机

信息领域的数字

一年中，美国一个大城市所发布视频包含的信息量超过了世界上所有书籍。比特的价值并非完全相同。

——卡尔·萨根·波斯莫斯（1980 年）

——小说《白鲸》有 20.6 万字。这是个大数字吗？
——我刚买了一个 4TB 硬盘。这是个大数字吗？

罗塞塔

罗塞塔磁盘为镍制磁盘，三英寸大。磁盘上刻有不同语言的八个文本，它们从边缘向内盘旋，文字不断缩小。英文文本写着：

世界语言：这是公元 2008 年收集到的 1 500 多种人类语言。放大 1 000 倍，你会发现 1.3 万多页的语言档案。

摄影：凯文·凯利/授权："今日永存基金会"罗塞塔项目组

该磁盘由罗塞塔项目组制作而成，旨在探索建设、维护一个可以持续 1 万年的图书馆需要多少资源。罗塞塔磁盘可以锻炼我们的思维，它的时间跨度大约是现今最古老的书籍的两倍。它可以为未来图书馆用户或者探索文明遗迹的考古学家提供一把密钥，用于解锁远古时代的文字，它就好比帮助人类解码埃及象形文字的罗塞塔石碑。

磁盘上的文本向内盘旋，要阅读所有内容就必须放大上面的文字。与 CD 或 DVD 不同，我们要阅读全部内容只能借助光学放大技术。放大后，我们可以看到类似于传统书籍的页面，并且可以阅读。项目组复制了许多罗塞塔磁盘，他们的解释是"很多很多的副本才能确保档案的安全"。

罗塞塔项目真了不起，它认识到了信息在文化中的重要性。也许它永远派不上用场。人类和人类文明会继续经历兴衰，但永远不会中断。也许我们再也不会经历黑暗时代，但一万年真的好长。

信息

我们已经讨论了测量时间、空间、质量和能量。本节的主题看不见、摸不着，但重要性绝不逊色。确实，对于我们许多人来说，每天都致力发现、操纵、传播这种称为信息的空灵事物。

信息与选择有关。大约 5 000 年前，苏美尔的抄写员拿起他的楔形芦苇，将其推入一块柔软的黏土板中，（使用现代人口中的楔形文字）刻上"50 蒲式耳谷物"。也许他在与顾客或卖家交流，也许他在记录某个地区一年的收成以便和来年作比较。无论出于什么原因，当他铭刻文字时，他就是在创造信息。现在，物质和能量受制于守恒定律。它们不会凭空出现，也不能被彻底毁灭。但信息不一样，它只需要一种承载文本的中介、一种铭刻方式以及一段需要表达的内容。尽管物质和能量不能被完全摧毁，但信息可以被完全摧毁，一个小动作就可以。[①]

信息依赖于符号。符号形式多种多样，比如鹿角上的划痕、黏土上的标记、牛皮纸上的墨水、纸张上的文字、计算机芯片中处于开启和关闭状态的晶体管，这些都是信息，从原则上讲都可以通过信息技术进行编码和存储。

在日常使用中，"信息"一词比较模糊、不够精确。它意味着某种静止的交流。信息难以精确化，更难被测量，这点你可能不曾想到。但在信息时代的黎明之际，为贝尔电话实验室工作的一位才华横溢的电信工程师克劳德·香农提出了一个信息理论，该理论已成为现代数字世界的基础。他的理论精确定义了和通信相关的概念，这样我们才能测量无形的信息。如今，当你选择计算

---

① 物理学家认为，从量子角度看信息受制于它自身的守恒定律。但从人的角度看，当我们把完成的文字拼图丢进盒子里，信息就被破坏了。

机的存储容量或抱怨宽带速度时，你得感谢香农创造了这些术语。

测量信息

1948 年，香农发表了论文《传播的数学理论》（*A Mathematical Theory of Communication*），正式、严谨地定义了"信息"一词。根据香农的理论，当消息被接收时，它通过消除接收端的某些不确定性去传达信息。"不确定性"这个概念本身就需要明确化。当你抛硬币时，你不能确定会是正面朝上还是反面朝上。这里存在不确定性的一个原子单位，一个未解决的双向选择。香农认为交流的作用是通过传递信息来解决这种不确定性。

一条消息的信息量用以测量消息被接收后消除了多少不确定性。信息的最小单位是"比特"（或"位"，二进制数字），它仅表示两个概率相同的选项中最后选择了哪个。

美国革命家保罗·里维尔说，他可以通过在教堂塔楼上放灯来宣布英军的到来：如果英军从陆地上来，则放一盏灯；如果从海上来，则放两盏灯。这是一个二元选择，他的消息可以消除二元选择的不确定性。香农可能会说，里维尔的消息只能传递 1 比特信息。

正如原子可以结合形成分子一样，这些原子比特也可以组合形成更大的结构。更长的消息可以传递更多的信息，消除更多的不确定性。假设里维尔传递的不是二选一（"从陆地"或"从海上"），而是四选一，比如从东方、从西方、从南方、从北方。现在有四个选项，不确定性更高了。你可以通过多种方式传递信息，比如一盏、二盏、三盏、四盏灯，或者使用不同颜色。但香农告诉我们，所有的多元选择都等于二元选择的组合。在这种情况下，我们可以创建一个由二元选择构成的决策树，每个分叉路径通向两个决策点。

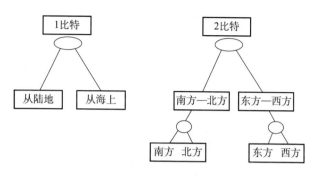

首先我们需要做出第一个选择，即将四个选项分为两组："南方或北方"与"东方或西方"。然后，我们需要做出第二个选择，即单向化第一个选择。寻找答案的过程就是在处理一条包含两个元素——两比特——的消息。

如果里维尔需要传递八选一，那么他需要一个能够发送 3 比特信息的代码：三组按先后顺序排列的二元选择可以产生八种不同结果，好比抛三次硬币可以产生八种不同的正反面组合。因此，从八种可能性中进行选择的编码系统要在每条消息中编码 3 比特信息。①

当一台计算机与另一台计算机通信时，一组比特序列就会从一台传输至另一台。由于所有计算机采用了通用标准，所以它们可以理解序列的含义。它们按照既定标准在不同选项之间做出选择，例如应显示哪个字符，或在屏幕上绘制哪种颜色的像素。② 但是，在讨论计算机之前，让我们再看一个不同类型的编码案例。

早期，信号旗也可以用来远程发送消息。信号旗分别位于八个不同位置。信息理论告诉我们，一个信号旗能够编码 3 比特信息。那么从理论上讲，两个可以从视觉上进行区分的信号旗可以发送 6

---

① 可能性的数量可表达为 2^b，其中 b 指信息位数。倒过来则意味着信息位数是 $\log_2^n$，其中 n 指多少种可能性。

② 所有信息处理都极其简单，简单到荒谬。复杂性在于如何将大量信息和计算原子组装成更大的结构。

比特信息，共 64 种可能性（2^6）。

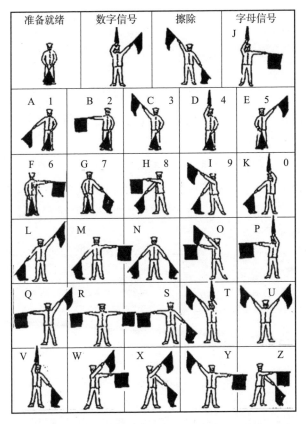

当两个信号旗位于同一位置，代码中八个位置只使用了一个时（信号旗同时向下，代表空格或者"准备就绪"），由于无法从视觉上区分它们，剩下的可能性中只有一半成立。于是可能性变成 20 种，足以用于 26 个字母和 3 个特殊符号：一个代表分隔单词的"空格"，一个代表"擦除"，一个代表"切换到数字"，相当于计算机键盘上的 Num Lock。

在有 29 种可能性的情况下，我们可以计算出每个信号旗位置最多编码 5 比特信息。[1] 换句话说，发送一个信号旗符号等于从 29 种可能性中选择一个。如果我们使用的是里维尔风格的二进制选择序列，那么最多需要做出 5 个是/否选择。[2]

早期计算机科学家采用了"美国信息交换标准代码"（ASCII）方案，它使用 7 比特对消息中的字符进行编码，共 128 种可能性，足以用于大小写字母、数字、标点符号以及一组用于电传打字机上物理按键的控制字符（以打字机为模型，例如"制表键"和"回车键"）。

这些字符可以简单通过 8 比特呈现，也就是 1 字节。信息接收者可以使用多余的位数实现不同的目的，例如使用"奇偶校验位"检测错误。[3] 因此，在仍在广泛使用中的 ASCII 编码方案下，8 比特可以编码一个字节。[4]

基准数字

8 比特信息可编码 256 个不同数字。

数字和计算机内存

单靠手指你能计数多少？大多数人会脱口而出——10。每个手

---

[1]　同样，严格来说，只有在所有信号旗位置具有相同概率的情况下，这才成立。但我们经常会偏爱某些字母，这意味着编码中存在多余信息，消息包含的信息量比表面看到的少。

[2]　特里·普拉切特在他的奇幻小说《碟形世界》中使用了一种名为"咔嗒"的类信号旗系统，用于在城市之间传输消息。"咔嗒"依靠八扇可以打开或关闭的百叶窗。这意味着每个符号代表 8 比特信息，最多存在 256 种可能性。

[3]　奇偶校验位的工作原理如下：用于编码符号的 7 比特中，如果状态为 1 的比特相加结果为偶数，那么校验位就定义为 1，反之为 0。这意味着如果 8 比特全部考虑进去，状态为 1 的比特数量应该始终为偶数。如果你收到的字节中，状态为 1 的比特数量是奇数，则说明存在传输错误。

[4]　如今，Unicode（统一码或万国码）编码方案越来越流行，它最多使用 4 个字节，并且旨在兼容世界上所有的语言、书写系统以及更多符号集。Unicode 前 128 个字符和 ASCII 集相匹配。

指代表一个数字（每个数字1比特）。但是我们可以稍微换个方式提问。如果采用信息理论的思维模式，我们可以用十根手指传递多少种不同信息（每根手指只有两种状态：伸直、弯曲）？

如果只用一只手，你可以发出32种信号，从0到31。根据惯例，伸出的拇指代表16、食指代表8、中指代表4、无名指代表2、小指代表1。如果所有手指伸直，全部相加得31。如果都弯曲，则为0。0到31之间的数字都可以用手指表示。实际上，五根手指相当于一个5比特二进制代码。信号旗能做的它们也可以做，而且还多出三个符号。

现在，如果我们使用双手计数，因为每只手具有32种可能性，那么双手就具有 32^2 种可能性，或 2^{10}，或 1 024。这个数字，1 024，等于计算机领域的"千"。

> **基准数字**
>
> 10 比特信息可以编码 1 024 个字符（如果采用二进制，大数字从 10 比特开始，或者从 2^{10} 开始）。

> **经验法则**
>
> $2^{10} = 1\ 024 \approx 1\ 000 = 10^3$
>
> 2 的次方每增加 10 就等于 10 的次方增加 3。

20 世纪 80 年代，刚进入个人计算机时代的时候，微处理器 Intel8086 非常流行。它使用 16 位内存寄存器（存储位置）。正如 10 根手指可以传递 2^{10} 或 1 024 种可能性，16 位可以传递 2^{16} 或 6.5536 万种可能性。这些内存寄存器是指向计算机内存位置的指针，该指针使用 16 位意味着只能直接指向 6.5536 万个不同内存位置（任何时候都只能直接寻址 64kB[①] 的内存）。[②]

随着时间的流逝，对此代计算机的软件开发者来说，这成了一个大问题。只有当使用 32 位内存寄存器成为行业规范时，这种情况才得以缓解。增加到 32 位意味着现在有 2^{32} 个可寻址存储器位置。于是有了 4 GB（4 294 967 296 个位置），这一巨大增长非常必要。

但即便是 32 位内存寄存器也不够用。现代台式机和笔记本电脑都使用 64 位，于是可寻址位置变为 2^{64}，大约是目前高端笔记本电脑的 10 亿倍。之后一段时间内，我们还将继续使用 64 位架构。

因此你可以看到，当我们增加用于寻址存储器的寄存器大小时，可寻址存储器的容量会快速增加。当它从 16 位增加到 64 位时，可以表示的地址猛增。

文字数量

从一开始，信息理论就是计算机发展的一部分。因为信息存储在计算机中，测量信息并非难事。抛开香农对信息的定义，信息其实始终贯穿于人类历史，特别是以书面形式储存的信息。因此，让我们回头了解一下书籍中的信息量。

托尔斯泰《战争与和平》的英语译本有 54.4406 万个单词，算是很长的一本书了。企鹅图书馆推出的布面经典版共 1 440 页，每页平均 378 个单词。

赫尔曼·梅尔维尔的《白鲸》有 20.6 万个单词。华兹华斯出

---

① 严格来说，64kB 表示 6.4 万个字节，因为"k"代表 1 000。但当我们讨论计算机内存或数据传输时，通常会采用一种不太严谨的做法，将 k 等同于 1 024。还有一种做法则更严谨，它将 1024 字节表示为 kiB。类似的单位还有 MiB、GiB 等。本书采用前一种做法。

② 实际上可用总存储空间是 65kB 的 16 倍，即 1MB，但它的实现需要复杂的交换算法，以有效交换内存块、允许程序使用更多空间，并使它在程序员眼中看起来像 1MB。

版社推出的经典平装版长达 544 页，每页平均 380[①] 个单词。查尔斯·狄更斯的《双城记》有 13.542 万个单词。在 Createspace（创造空间）出版平台上，该书共 302 页，平均每页 448 个单词。乔治·奥威尔的《动物庄园》比较薄，共 2.9966 万个单词，企鹅图书馆推出的现代经典版共 144 页[②]，平均每页 208 个单词。

> **基准数字**
>
> 《战争与和平》约 50 万词。
>
> 《战争与和平》约 1 500 页。
>
> 经典小说平均页数约 400 页。

藏书量最大的图书馆为美国国会图书馆，约 2 400 万本。1500 年之前的印刷出版物（1439 年，约翰内斯·古腾堡发明了西方的活字印刷术）被称为 incunabula[③]，国会图书馆藏有 5 711 本。如果算上非书籍类藏品，图书馆的藏品总量约 1.61 亿件。大英图书馆藏书较少，只有 1 400 万本，但总藏品高达 1.7 亿件。

2010 年，Google 想统计世界上曾经出版过多少本书（每本书只计算一次）。他们严格规定了"一本书"的定义，采用了和 ISBN（国际标准书号）类似的规则，但排除了同样可以获得 ISBN 的地图、录音等东西。然后，谷歌施展"巫术"排除了重复的书籍，最后结果为近 1.3 亿本书。

> **基准数字**
>
> 世界上已出版书籍数量约 1.3 亿。

---

① 顺便提一下，梅尔维尔在《白鲸》中使用了 1.7 万个不同单词，仅仅略低于《圣经》。《圣经》使用了约 1.8 万个不同的单词。吉本的《罗马帝国的兴衰》共六卷，单词超过 4.3 万个。它使用的不同单词数量超过了覆盖 3.9 万个词的《罗盖特分类词典》。

② 正好是《战争与和平》页数的 1/10。

③ 拉丁语，意思是"褴褓期"或"摇篮期"。

信息冗余

无论何时记录信息，无论是通过苏美尔抄写员的芦苇，还是通过威廉·莎士比亚的羽毛笔，还是通过自动听写的语音识别软件，我们都必须对其进行编码。当我用键盘输入这句话时，我脑海中的思想被编码成语言，语言被编码成我敲击出来的字母，计算机将这些键盘敲击编码成最终会进入网络空间储存设备的东西（可能在此过程中还要经过其他几个编码步骤）。信息理论可以分析、量化每一个编码阶段。编码的重要特点之一就是信息的冗余。

几乎所有存储的信息都包含一定程度的冗余。香农发明了一种游戏，以调查书面英语的冗余程度，你可以试试。不妨请朋友从小说中随机选取一段文字，你来猜第一个字，然后让朋友告诉你对错。你很可能会猜错。但如果你继续尝试猜测下一个字，你很有可能会猜对。如果第一个字是"昨"，那么你可以猜测下一个为"天"。最终你会发现你能猜出来很多字。[①]

通过实验香农得出一个结论，由 100 个字母组成的英语语段其冗余程度约 75%。仅有 1/4 的字母传达了新信息，其余的字母一定程度上是可以预测的，能够消除的不确定性有限。这意味着，从思想到语言、从语言到文字这两个编码步骤中，大量的冗余信息被加入编码的文本中。这不一定就是件坏事。假设你需要还原一份手稿，它褪色严重，部分地方难以辨认，冗余的信息恰好可以帮助你完成任务。就像香农的游戏一样，正确的猜测可以帮助你填补文字。罗塞塔石碑帮助人类解密了埃及象形文字。它上面的铭文包含三种语言，但传递的信息相同。这为解锁象形文字提供了一把钥匙。罗塞塔磁盘项目也使用不同语言表达相同信息。项目组还制作了很多副本，他们依靠信息的冗余确保磁盘信息的安全。

---

① 你可能已经猜到了，这也是智能拼写背后的原理。

信息理论帮助人们尽可能高效地对信息进行编码，在可控范围内、以最佳方式加入冗余信息。所有现代计算机通信机制都能够检测错误、纠正错误，这些机制可能需要重新传输消息。所有这些都在我们不知道的情况下悄悄发生。我们可以诅咒互联网通信的失败，但它极其可靠，感谢香农和信息理论界诸位先驱。

编码圣经

英语书面文本包含大量冗余信息。可以测量它吗？詹姆士国王的《钦定版圣经》约78.3万个词，它们共编码了多少信息？从互联网下载的纯文字版《钦定版圣经》（即没有任何花哨的格式）共500万个字节①，每字节8比特，约4 000万比特。

但正如前文所述，英语的冗余程度较高。纯文本版并不是最佳编码方式，因此它的文件大小对于测量信息不是很有用。但我们可以采用更有效的方式存储圣经的文字，并且能够在需要时重构。比如，我们可以将所有高频单词（如出现956次的"耶路撒冷"、出现458次的"因此"）替换为代码，同时制作一个查询表将这些代码重新转换为单词。此方案将减少存储所需的字节数。

这种操作非常接近WinZip②之类的压缩软件：它们可以分析文件的重复率或其他规律，然后存储重建文本的方法，而不是文本本身。如果压缩过程能够最佳化，它可以将文本压缩为一个文件，它的大小等于文本的信息内容。换句话说，它能将文本的冗余程度降到零。

沃纳·吉特博士在《一开始就是信息》（*In the Beginning Was Information*）一书中计算了《钦定版圣经》的信息内容，约1 760万比特，占文本大小的44%。换句话说，文本中语言的冗余度为56%。

---

① 合理性检查：这意味着每个单词6.45字节。因为单词之间有空格，所以可以再减去一个字节。那么平均每个单词有5.45字节，似乎完全合理。

② 其他归档和压缩软件的原理相同。

压缩软件可以将纯文本版《钦定版圣经》压缩为约 1 870 万位的 zip 文件，占文本的 47%。和吉特博士的 44% 相比，它的压缩过程似乎效率更高。梅尔维尔《白鲸》的压缩版为 0.5MB，而未压缩版为 1.23MB，信息密度为 41%，冗余度为 59%。

基准数字

《钦定版圣经》的单词量为 78.3 万个。

《钦定版圣经》平均每页单词量为 650 个。

《钦定版圣经》平均每页符号量为 3 600 个。

《钦定版圣经》平均每页信息量为 1.8kB。

一张图片的大小等于 1 000 个单词吗

当我撰写这一小节时，内心有些犹豫。我痛苦地意识到，这本书出版那天，读者阅读它那天，技术会取得巨大进步。尽管如此，既然我们在讨论和信息技术相关的数字和数据，我们就不能跳过数字和数据，否则我们的讨论就不完整。所以，我们先来看看一些数字媒体文件的大小：

- 一首普通 MP3 歌曲：3.5 MB。大于压缩后的纯文本《圣经》，每分钟音乐约 1MB。
- 1 200 万像素的静态图片：6.5 MB。
- DVD 格式的电影：4 GB，大小相当于 1 000 多首 MP3 歌曲。[1]
- HD 电影：12GB，约标准 DVD 电影的 3 倍。
- "4K"[2] 电影：120 GB，约 HD 电影的 10 倍。

---

[1] 合理性检查：与歌曲相比，一部电影需要的信息存储量是其 1 000 倍。好吧，电影的长度可能是音轨的 50 倍，而视频的信息密度是音频的 20 倍。

[2] 4K 是许多视频标准的统称，其水平分辨率约 4 000 像素。相比之下，最高标准的 HD（高分辨率）为 1 440p，其水平分辨率约 2 560 像素。

存储量

撰写本书时，我可以以合理的价格买到容量为 8 TB 的移动硬盘。就上面列出的媒体文件，它可以存储：

- 约 70 部 "4K" 电影；
- 约 700 部 HD 电影；
- 约 2 000 部 DVD 电影；
- 约 120 万张静态图片；
- 约 800 万分钟（可以播放 15 年）的 MP3 音乐。

大数据中心

如果我们轻轻松松就能找到 8TB 的存储器，那么像 Google 这样的公司可以存储多少数据？网站 XKCD.com 上的红人兰多尔·门罗估算其在 10~15EB。但 EB 是什么？

提示一下：

1 000B 等于 1kB（1000，10^3）

1 000kB 等于 1MB（100 万，10^6）

1 000MB 等于 1GB（10 亿，10^9）

1 000GB 等于 1TB（1 兆亿，10^{12}）

1 000TB 等于 1PB（1000 兆亿，10^{15}）

1 000PB 等于 1EB（100 京亿，10^{18}）

1 000EB 等于 1ZB（10 垓亿，10^{21}）

1 000ZB 等于 1YB（1 秭亿，10^{24}）

或者，你也可以这样（记住 2^{10} 是信息世界的 "千"）：

1 024B 等于 1kiB（1000，2^{10}）

1 024kiB 等于 1MiB（100 万，2^{20}）

1 024MiB 等于 1GiB（10 亿，2^{30}）

1 024GiB 等于 1TiB（1 兆亿，2^{40}）

1 024TiB 等于 1PiB（1000 兆亿，2^{50}）

1 024PiB 等于 1EiB（100 京亿，2^{60}）

1 024EiB 等于 1ZiB（10 垓亿，2^{70}）

1 024ZiB 等于 1YiB（1 秭亿，2^{80}）

因此 Google 的数据存储量相当于 100 万～200 万个 8TB 移动硬盘。100 万个硬盘，让我们视觉化它：一个仓库大小的空间，共有 200 行，每行 250 个，高 20 层。

那"老大哥"① 呢？他能存储多少数据？虽然我们并不知道答案，但美国国家安全局在犹他州建立了一个巨大的数据中心。当然，它的容量是机密。一位专业人士布鲁斯特·卡勒采取了分而治之的方法。他根据建筑的大小估算它可以容纳10 000台机架式服务器，每台存储量为 1.2PB，那么总量为 12EB，与谷歌差不多。

你可能第一次听说……

托尔斯泰《战争与和平》的页数为

　10×奥威尔的《动物庄园》。

大英图书馆的藏品（1.7 亿）为

　340×亚历山大古代图书馆（50 万）。

电影《霍比特人》三部曲的帧数（每秒传输帧数 48，共

　136.5 万）约为

　14×小说《霍比特人》的词数（9.54 万）。

---

① 指美国。（译者注）

世间存在太多可能性，但大多数都不会成真，它们就像没有被写下来的书。人类思维之类的集体思维照亮了这个世界。它之所以与虚空的宇宙不同，是因为我们生活在其中。

——鲁迪·鲁克

下列哪个数字最大？

- □ 得州扑克起手牌的可能性（发两张）
- □ 旅行推销员访问六个城镇（并返回）的可能路线
- □ 用于编写古戈尔的二进制位
- □ 六个人坐座位的方式

数学领域的大数字

尽管这本书的主题不是数学而是计算能力，但如果避而不谈数学领域的大数字，尤其是组合数学领域中的大数字，它就不完整。

前文中我们处理数字的方式都比较粗略，习惯在数字前加上"约"。换句话说，我们一直在关注近似值，因为我们需要回答"这是个大数字吗"。如果此书的主角是数学，我们就会探索数字的其他特质，就会更严谨地描述数字，就会提供很多精确值。因为，整数的许多数学特性只有在完全精确时才有意义，真实的数字也是精确的，即便小数点后面的位数无穷无尽。如果它的主角是数学，我们就会讨论许多奇妙的发明（或者发现），如超限数、虚数、超实数。

鉴于这本书的主题，我不会花太多时间讨论以上数学话题。只有当它们能够帮助我们回答"这是个大数字吗"时才会提及。

下文中的数字将是本书中最大的。现实世界中，它们至关重要，毋庸置疑。

组合数学

有人说数学领域中的组合数学无非就是计数。计数的确是组合数学的核心。桥牌共 52 张，四人参与，每人拿 13 张牌，存在多少种发牌方式？如果有六种配料供选择，你可以制作多少张不同味道的披萨？组合数学可以解答这些问题。

你可能已经发现了，这两个问题都是在计算世界的潜在状态，而不是真实状态。现实生活中，没人会要求你制作 64 张不同味道的披萨，然后一一查验。更不会有人要求你以 6 350 亿种不同方法发牌。

虽然组合数学涉及"计数"，但计数对象并非真实存在。我们计算的只是组合、排列的可能性，这是组合数学的目的。全部拿到红色桥牌的概率有多大？约 1/60 000。披萨上有意大利辣香肠但没有蘑菇的概率有多大？约 1/4。组合数学往往和概率相联系。

在组合数学研究领域，大数字的出现频率很高。52 张桥牌存在 $8×10^{67}$ 种分牌结果。这个数字大得惊人。到目前为止，它比以毫米为单位的宇宙直径还大。如果再加两张小丑，那么可能性为 $8×10^{67}$ 乘以 2862，结果将超过 10^{71}。这些数字远远超过你在物理学甚至宇宙学中遇到的所有数字。虽然可能性只是潜在的，并非真实存在，但有时候我们确实需要计算它们的数量。

这个问题有多复杂

计算机和智能设备能为人类提供各种各样的服务，但其实它们只是在执行一系列指令，以惊人的速度切换开关。这些指令来自计算机程序，以计算机语言编写。计算机程序背后的思想、计算机程序的本质是算法。

假设我们要买二手车，并且已经从网上筛选出 10 辆符合标准的备选车，现在我们需要找到价格最低的。我承认这个问题非常简单，通过以下算法就可以系统筛选到目标车辆：

- 找到第一个备选车辆，暂且视它为"目前为止最优选"，记下它的价格和注册信息。
- 找到第二辆车。如果它的价格低于第一辆，那么它就取代第一辆成为"目前为止最优选"。记下它的价格和注册信息，划掉第一辆。
- 重复上述步骤，直到完成所有备选。
- 留到最后的便是我们的目标车辆。

这就是算法。这个例子虽然简单，但清楚表明算法其实就是一系列步骤。它不是计算机程序（因为它不是用计算机语言编写的），它是程序背后的思想。

如果你是计算机领域的专业人士，你就会关心算法的复杂度①。假设你需要分析推特推文背后的统计模式，那么你希望算法能够在尽可能短的时间内获得尽可能多的推文。如果你花费的时间仅占竞争对手的 1/4，你可能会因此占据商业优势。

在寻找最便宜车辆的案例中，工作量大致与备选数量成正比。如果有 20 辆备选汽车，那么所需时间将是 10 辆汽车的两倍。如果有 1 000 辆备选汽车，则需要 100 倍的时间。研究算法的计算机科学家将这类算法表征为具有"n 次运算的数阶"。他们将它的复杂度表示为 O（n），即大 O 表示法：随着运算次数的增加，工作量也会增加，而且是成比例增加。

---

① 这里所说的"复杂度"可能和你想象的不一样。它实际上指需要执行的步骤的数量，而不是步骤的"复杂度"。步骤的数量很重要，它可以决定算法在计算机上的运行时间。

如果我们增加任务的难度——按价格高低将备选车辆排序，那么我们需要一种排序算法。来看一个简单的例子：

- 找到最便宜的车子，将它放在位置1。
- 在剩下备选中找到最便宜的，将它放在位置2。
- 重复以上步骤，直到完成所有备选车辆的排序。

我们可以轻易计算出执行此算法需要进行多少次比较。要在 n 辆汽车中找到最便宜的，需要进行 $n-1$ 次比较。要找到第二便宜的，需要进行 $n-2$ 次比较（已淘汰一次），依此类推。那么，对2个元素排序需要进行1次比较，对3个元素排序需要进行3次比较，对4个元素排序需要进行6次比较，对5个元素排序需要进行10次比较。不难推出，对 n 个元素排序需要进行的比较次数为 $(n^2-n)/2$。如果元素越来越多，公式的结果将越来越大。虽然5个元素只需要10次比较，但10个元素需要45次比较，而15个元素需要105次比较。1 000个元素需要近100万次比较。不同的排序算法所需的比较次数不同，我们可以根据这一点在不同算法之间进行选择。当我们讨论算法的复杂度时，通常会忽略任何小于最高次方的次方（当数字很大时，最高次方会淹没所有其他次方），我们将这种算法的时间复杂度表示为 O（n^2）。①

凡是时间复杂度基于 n 的次方（n，n^2，n^3等）的算法，都被表征为具有"多项式复杂度"。就复杂度而言，它只属于中等水平。

接下来是"指数复杂度"。想象一个简单的自行车密码锁。如果密码为4位，每位10个数字，那么密码组合存在10 000种可能性。如果测试一组密码需要一秒钟，那么偷自行车的贼大约需要2.75小时。安全性不算太高，但也够用。如果再增加一位密码，密码组合也会增加，"解码时间"将增加一个数量级，超过27小

---

① 这种排序算法虽然效率低，但易于理解。常用的排序算法的复杂度一般为 O（$n \cdot \log n$）。如果列表中大部分元素已经有了排序（比如你要在已经排序的电子表格中增加一栏元素），它可以进一步改进。

时。如果将密码增至 8 位，那么将需要花费 3 年以上的时间。这个问题的时间复杂度为 O（10^n），n 为密码位数，复杂度呈指数增长。

故事还未结束。这个问题还不够复杂，还有更复杂的，例如下面描述的"旅行推销员问题"。它具有阶乘时间复杂度，阶乘增长速度很快，结果会变得很大①。

计算机科学家之所以关心时间复杂度，是因为它可以帮助科学家判断在现实时间框架中，若采用实用的方法，可以解决哪些问题，不能解决哪些问题。网络安全性（网上银行和在线交易）目前都建立在以下前提之上：算法（尤其是数字的阶乘）复杂度足够高，如果用于编码的数字足够大，那么现实世界中的计算机就不能在短时间内执行代码破解算法，因此无法危害网络安全。

因此，阶乘是一种全新的体验大数字的方法。一方面，我们可以体验到阶乘的结果有多大；另一方面，我们可以体验到当某些参数增加时，结果的增长何等迅速。算法专业的学生更关心算法的复杂度，因为它能帮助学生们判断自己的算法是否有效，是否能够处理中大型规模的输入数据。正如天文学家最关心的是他所处理的数字的数量级，而不是有效数字。

谁会成为旅行推销员

我先简单介绍一下旅行推销员问题，它属于组合数学领域。推销员需要驾车前往多个城市。他不想花太多时间在路上，因此他准备开个大循环。那么问题来了：如何找到最短路线②？

为什么这个问题这么出名，甚至有些臭名昭著？陈述、理解这

---

① 正整数的阶乘是所有小于及等于该数的正整数的积。比如 6 的阶乘，它通常写为"6!"，为 1×2×3×4×5×6 = 720。阶乘增长很快。10! 为 362.88 万，20! 超过 200 万亿。

② "最短"可能指距离、时间、花费或其他等效衡量指标。

个问题都不难，我们也知道如何从理论上解决它，[①] 但可能路线实在太多了，我们很难去逐一评估。如果只有 3 个城市（其中包括"家"），那么只有一种可能性，即从家→A→B→家（或反向路线，长度一样）。如果有 4 个城市（家和其他三个城市），那么只有 3 条可能路线（忽略长度相同的反向路线）。如果有 5 个城市，那么有 12 条路线。但是从 5 开始，可能路线会快速增长，数字会迅速变大。

城市	路线
家+2	1.000
家+3	3.000
家+4	12.000
家+5	60.000
家+6	360.000
家+7	2 520.000
家+8	2.016 万
家+9	18.144 万
家+10	181.400 万
家+11	1 996.000 万
家+12	2.395 亿
家+13	31.135 亿
家+14	435.900 亿
家+15	6 538.400 亿
家+20	1.216×10^{10} 亿
家+25	7.756×10^{16} 亿
家+30	132.600×10^{22} 亿

实际上，它的增长速度已经超过指数级了：[②] 每一次的增长倍

---

① 简单列出所有可能路线，然后选择最短的那条。问题在于列出、评估所有可能路线需花费的时间。

② 每个数字是城市数量阶乘的一半（$n! / 2$）。

数都超过上一次。

我们不是有超级计算机吗？对它们来说，这些大数字就是小儿科，不是吗？好吧，不是这样。当某种事物开始以超指数级增长时，解决问题的成本迟早会突破承受极限。也就是说，解决问题的开销/时间/精力的增长速度远快于问题规模的增长速度，成本最终将无法维持。

这个问题实际上与旅行推销员无关，它只是阐述问题的工具。销售部门的确需要计划销售代表的行程，但其他领域也存在许多相同或相似的问题，相关人士需要找到好的解决方案。

这些领域包括印刷电路板钻孔、燃气涡轮发动机的维护、X 射线晶体学、基因组测序、计算机布线、仓库产品拣选、导航路线、配送方案、印刷电路板布局、手机通信、代码纠错，甚至游戏编程，程序员需要决定如何在屏幕上渲染三维场景。

这些问题组成了旅行推销员问题家族。如果我们能尽快找到解决方案，必定会获得巨大收益。算法可以解决其中一部分问题。但一旦数据输入规模过大，计算机要计算出一个解决方案是很难的。

它算数字吗

数字从 1、2、3 开始。从那时起，人们通过越来越多的"奇怪"方式扩展了"数字"的概念。分数颠倒了数字的概念。如果四位狩猎采集者只有一片面包，那他们必须将它分成几块。零这一概念是对"阿拉伯"（其实是印度）数字系统的必要补充。该数字系统能够命名的数字是无限的。早在 7 世纪，人们可能就已经开始使用它。

负数很荒谬。怎么会存在比零还小的数字，加上 5 后结果却是3？但在交易以及贷方和借方的世界中，你可以看到这种"后退"

的算术如何运作和发挥作用。因此数字俱乐部对负数敞开了大门……①

和负数一样，虚数和复数也具有连续性和实用性。它们的名称让许多人发愁（虚数这个名称无济于事，0 还不是虚数，和其他所有数字一样，它们也属数学概念）。正是因为它们的连续性和实用性，它们一出现就受到重视，在 18 世纪被广泛接受。

故事还未结束。19 世纪，乔治·康托尔找到了一种对无穷大的程度进行分类和标记的方法，从而创造了超限数。然后还有被称为 p 进数的数字，小数点分隔符的左边可以有无限位数。实际上，所有这些新的数学概念都必须通过入会测试才能加入数字俱乐部。测试目标是看它们是否具有连续性（因为它们结合了既定数字，不能违反其既定属性）和实用性（如果有用，将被采纳）。约翰·何顿·康威在其著作《数字与游戏》（*On Numbers and Games*）中发明了一种数字——超实数。从那以后，数学家们不断邀请新的成员加入数字俱乐部，他们将这些新成员称为"数字"。

古戈尔和古戈尔普勒克斯

爱德华·卡斯纳撰写《数学想象力》（*The Mathematical Imagination*，1940）时，他让 9 岁的侄子米尔顿·西罗塔给 10^{100} 取个名字。他以这个数字为例来说明大数字与无穷大的区别。侄子说"古戈尔"（googol）。这个名称除了好记外没有任何特殊意义，但它还是成了货真价实的基准数字。从物理角度讲，它大于可见宇宙质量与电子质量之比。

一旦你掌握了创建大数字的配方，你就可以随心所欲地创造大数字，一个比一个大。所以卡斯纳和他的侄子西罗塔又创造了古

---

① 突然想到一个问题：0.1 和 -1 哪个数字更小？据传，唐纳德·特朗普有次路过一个乞丐，他说乞丐的资产比他的多 90 亿美元，当时特朗普负债累累。毫无疑问，乞丐对此有不同意见。当人们想表达"世界上 $x\%$ 的人拥有世界 $y\%$ 的财富"时，负数让他们头痛。

戈尔普勒克斯（googolplex），它等于 $10^{古戈尔}$。我们根本就无法完整在纸上写下这个数字，整个宇宙都无法容纳它。

格雷厄姆系数

1980 年版《吉尼斯世界纪录大全》首次将格雷厄姆系数称为"严谨的数学证明中被用到的最大数值"。虽然它不再拥有这个冠冕，但它仍是"难以言表"类数字的代表，我们根本无法完整说出它们。格雷厄姆系数其实也来自组合数学领域，这点不足为奇。

当我们处理的数字越来越大时，从 1、2、3 到舒适区边界的1 000，再到天文数字，我们需要采用不同的策略去适应它们。我们已经调整了思考大数字的方式，我们知道如何转移、平衡它们的概念负重。有时我们并不会去直接理解一个数字。相反，我们会去理解创造这个数字的算法。

举个例子。如果我们认为"百万的三次方"没有 10^{18} 清晰时，我们便转而使用科学计数法，采用算法（计算 10 的次方）来理解这个数字。格雷厄姆系数是这类例子中最极端的。不管你怎么解释它，实际上都是在解释创造它的算法。理解算法已经很难了，更别提将数字概念化，甚至没人知道第一位数字是什么。即使创造数字的算法一清二楚，但没人执行过这些步骤，也没有人能够执行。

你可能会想，难不成就没有办法理解这些数字的庞大了吗？答案是没有，但也不是完全没有，只是没那么直接。我们唯一能做的就是去理解创造这些数字的算法，并且尽量使用舒适区的数字去计算算法中的步骤。

你可能会问：格雷厄姆系数究竟算不算数字？这是一个很好的问题。虽然我们知道创造它的方法，但我们永远不能将理论付诸实践，因为它要求的空间和时间是宇宙无法提供的。但你想想，我们写下的每个数字，比如咖啡花了 2.5 英镑，都不是数字本身，而是构造该数字的一种方法、一种算法，区别只在于对该过程的熟悉程度。

无穷大

我们都知道，数字是无穷无尽的，我们永远无法数尽它们。无论我们数到了哪里，我们始终无法走到尽头，始终无法画上句号。我们不清楚宇宙是否存在尽头，但我们可以推理和计算的长度、质量和时间并没有上限。但是，说数字没有穷尽是一回事，谈论无限大本身是另一回事。无限大不是终点，它在数字序列上没有具体位置。

但如上所述，19 世纪，乔治·康托尔立志要对超出有限范围的数字进行推理，他的推理方式与既定数字系统相一致，而且很可能会成功。果然，他的成果引起了强烈反响。毕竟他谈论的东西——对各种类型的无限大进行分类——吸引力很强。他的工作受到了数学界人士的接受和采纳。19 世纪和 20 世纪数学界的佼佼者之一戴维·希尔伯特这样称赞康托尔："谁也不能将我们从康托尔创造的天堂中赶出去。"

康托尔创造了一个构造新数字类型的方案——超限数，它在无限集中的运用相当于自然数在有限集中的运用。每个超限数都是"无穷大"，大于你知道的任何有限数。因此我们没有必要询问某个超限数是否算大数字，这是没有意义的，它们自成一派。

你知道吗？

0 到 1 之间的实数数量（"连续"超限数）约与
　　实数数量一样多。

重新排列具有 70 个元素的列表的方法比
　　古戈尔多一点。

阿基米德在他的著作《数沙者》中估计，填满宇宙所需沙
　　粒数量约为 $8×10^{63}$。

有理数的数量（"阿列夫零"超限数）约与
　　自然数的数量相同。

第四部分

公共生活中的数字

数字公民

受爱启发、由知识引导的生活可谓美好。

——伯特兰·罗素①

每天，我们都在做选择。这些选择不仅影响着我们自己的生活，而且还影响着我们周围人的生活。有些选择会立刻产生影响，比如我们的投票。有些选择的影响没那么显著，比如我们的购买记录、网站访问记录，它们能够影响企业的商业决策。有些选择的影响更加明显，比如我们公开发表的观点。人们在公共生活中表达着自己的声音，扮演着积极的角色，这些都在悄悄影响他人。我们的选择会引起或大或小的涟漪，它们共同塑造了我们的社会。我们应该尽力在知识的引导下做出明智选择。

世界的骨骼

为了理解人与动物的肌肉和骨骼，达·芬奇解剖了人和动物的身体。他知道不能光看表面，因为选择或偶发事件会改变、扭曲它。达·芬奇是一位艺术家，肌肉组织为他画笔下的人物赋予了轮廓、体积、力量和动态美。但比肌肉更深的骨骼及其连接方式

---

① 伯特兰·罗素. 我信仰什么［M］. 劳特利奇出版社，2013：10.

向他展示了人体关节的活动范围，所以他的作品才如此伟大。如果达·芬奇没有透过皮肤往人体内部看，他是不会探索到这些的。

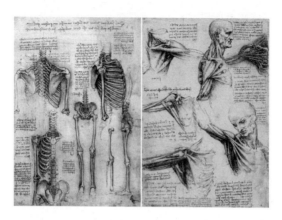

我们所有人都在努力了解世界，但我们能直接看到的都是表面，它们让人迷惑。需要理解、阐释的事实和数字实在太多，我们需要审视所有信息。

一不留神，我们就会掉入确认偏误的陷阱。我们将新信息与自己的价值体系相匹配，并依此进行过滤。如果新信息与我们的世界观相吻合，我们就会不加批判地接受、认可、分享它。当它与我们的偏见相左时，我们会找理由否认它，并且竭力为自己辩护。

我们无法仔细思考每一个决定。我们心中有一个固定的世界模式，它已经内化了，我们总是参考它去做选择。如果该模式与现实相吻合，我们做出的选择就更有可能得到好的结果。如果该模式只是基于表面现象，结果大概率会糟糕。我们最好学习达·芬奇的精神，努力透过现象挖掘本质，也就是说，努力探索世界的肌肉和骨骼。如果我们的价值观和信念建立在对世界的深刻认识之上，它们不仅会更具说服力，而且会避免被情感操纵。此外，在需要改变的时候，我们能更好地应变。

我这么说可能会显得幼稚、涉世不深。但我知道要建立这样的思维模式，我们的世界必须建立在数字、逻辑、理性之上。如果我们老老实实地探寻真实的世界，那么当我们正确时，数字会支持我们，当我们错误时，数字会质疑我们。

我并不是说"正确"的观点只存在一种。科学知识一直在变化，科学通过"减少错误"而前进。同一组事实也可能存在不同的因果解释。人们持有不同的价值观，追求不同的目标。辩论赛中，当双方观点和价值观相冲突时，他们往往会拿起数字作为武器。这些数字要么成为论据，要么成为分散对方注意力的工具。它们的来源和意义可以帮助我们理解辩论，帮助我们判断这些论据是否肤浅，是否反映了现实。换句话说，它们是皮肤还是骨骼？

国际数字

如今，人类社会面临的共同问题越来越多。这些问题不仅相似，而且跨越国界，因此各国政府无法独立解决，包括土壤、海洋、大气污染，气候变化，动植物栖息地和生物多样性的减少，功能失调的国家对所在区域和全球的影响，跨国公司的税收制度套利，有组织犯罪，还有恐怖主义。这些问题本身就非常复杂，不易理解。鉴于其"国际"性质，人类很难独立解决它们。

作为独立的个体，我们很难看到自己对这些问题的影响。作为一国公民，我们寄希望于政府，希望它能拿起合适的武器去处理这些国际问题。作为世界公民，我们可以在世界需要我们的时候发出呐喊。我们可以将时间、精力和金钱贡献给我们深信不疑的国际事业。

但是，我们如何判断"合适的武器"，如何判断我们的精力和资源有没有付诸东流？正如伯特兰·罗素所说，我们内心的爱能激发我们的灵感，但我们必须获得正确的引导。我们必须依靠头脑的思想和知识，而知识即数字。

本书第四部分将讨论一些国家层面和国际层面上的话题，比如钱、经济学、人口数量增长、家畜数量增长、野生动物数量下降、贫富差距，这些话题涉及的数字至关重要，我们必须正确理解。

但是我们能够讨论的话题有限，我希望通过少数例子说明如何通过数字理解一些非常重要的问题。

第一个话题便是钱。

如果你能数清楚自己有多少钱，那么你算不上富有。

——J. 保罗·盖蒂

下列哪个数字最大？

□ 阿波罗登月计划的开销（以 2016 年美元计）
□ 2016 年科威特国内生产总值
□ 2016 年苹果公司营业额
□ 俄罗斯的黄金储备价值（2016 年 7 月）

符木和股东

商贸向来依靠债务。达成交易的瞬间就完成整笔交易既不方便也不现实。虽然现代财务系统可以正确记录贷款和借款，但早在复式记账法出现之前，中世纪的欧洲就发明了一种记账方式，它可以防止债务被篡改。

根据这种方式，人们进行交易时会将交易的金额刻在一根木棒上。它被称为"符木"，上面有切口。然后木棒被从纵向上一分为二，一段长一段短。长的这段被称为"股"，由贷方（即股东）保留，短的那段被称为"存根"。

切口的宽度可以表示金额的大小。12 世纪，查德·菲茨·尼尔在论文《关于国库的对话》（*Dialogue Concerning the Exchequer*）中写道：

切割符木的方法如下：符木最顶端代表 1 000 英镑，切口如手掌宽；大拇指宽的切口代表 100 镑；小指宽的切口代表 20 英镑；一粒饱满的大麦粒的厚度代表 1 英镑；1 先令更窄；1 便士则用一条切痕表示，不用切口。

偿还债务时，借方会匹配股和存根以确保对方为合法债权人。如果纹路相匹配，则说明它们来自同一根符木。如果债务被出售了，符木作为实物证据会跟着债务持有人。如果切口相匹配，则证明金额没有被篡改。因此，符木背后的原理其实和纸币以及其他金融工具一样：债务的代币可以从一个债权人转移到另一个债权人。那么钱也可以采用信息的形式，即一种获得认证的数字。21 世纪出现的最新货币形式——比特币——便是基于这一原理。

虽然如今我们持有的钱大多采用数字形式，但在历史上大部分时间，钱由稀有或有价值的实物充当，其中最重要的便是硬币。

硬币里面有什么

1516 年，在今捷克共和国波西米亚的约阿希姆斯塔尔，一家银矿开始运营。1518 年，银矿中的银被铸造成硬币，它们被称为"阿希姆斯泰勒"（Joachimsthalers），缩写为"泰勒"（thaler）（后来在荷兰语中，该单词又被扩展为"莱文泰勒"，leeuwendaalder①）。在不同地区，银币的称呼不尽相同，它在斯洛文尼亚叫"托拉"（tolar）、在罗马尼亚和摩尔多瓦叫"列伊"（leu）、在保加利亚叫"列弗"（lev），到了美国后变成了"美元"（dollar）。

但早在波西米亚造币厂之前就已经出现其他造币厂了。在今土耳其部分地区（原属吕底亚古国）发现了迄今最古老的硬币，可追溯到公元前 700 年。它们为块状合金（金和银的混合物），形状

---

① 指荷兰版银币上的狮子。

不规则，只有一面有设计。它们具有标准化重量，因此被史学家判断为硬币。

公元前 3 世纪，罗马人在朱诺·莫内塔神庙生产硬币。莫内塔（moneta）来自拉丁语 monere，意思是"提醒、警告或指导"。在该单词中，我们可以看到"造币厂"（mint）和"钱"（money）的词根（以及"警告"，admonish）。罗马人在整个罗马帝国中传播他们的硬币，最小单位为"第纳尔"（denarius）。12 第纳尔等于 1 索利达斯（solidus），20 索利达斯等于 1 利布拉（libra）。①

查理大帝向欧洲引入的货币体系建立在罗马人的基础上。1 英镑原先指加起来一磅重的银币，法语为 denier②（240 个），1 先令为 1/20 英镑。后来欧洲开始广泛采用查理大帝的银币标准，西班牙语中表示钱的单词 dinero 证实了这点。在英国以及那些继承了大英帝国货币体系的国家，该体系一直沿用到 20 世纪 70 年代。

欧洲大部分地区都使用查理大帝的银币体系，而阿拉伯和拜占庭世界则采用金币体系。伊斯兰倭马亚王朝发行了金币第纳尔（依旧来自拉丁语 Denarius），拜占庭人发行了后来被称为贝赞特（bezants）的金币。现代章纹学将黄色圆形图案称为贝赞特。

英国的旧时货币单位几尼价值 1 英镑加 1 先令。中间人促成交易后，买方需要支付一定个数的几尼。其中相同个数的英镑由卖方收取，构成差额的先令由中间人收作佣金，相当于 5%。奇怪的是几尼（1 几尼价值 21 先令）可以被 3 和 9 等分，无须使用便士。

"现金"（cash）有两个词源。主要词源来自中世纪法语 caisse 以及拉丁语 capsa（指盒子，通常为圆柱形③）。第二词源来自古代

---

① 拉丁语中，1 磅重为 libra pondo，由此派生出了里拉（lire）、里弗（livre）、磅（pound）、比索（peso）和比塞塔（peseta，字面意思为"已称重"）。

② 丝袜常用的丝线纤度单位"旦"（denier）也源自这个单词。现在，旦表示 9 000 米长的丝线的重量（以克为单位）。因此可以通过称量已知长度的丝线来计算纤度。而查理大帝铸造的银币重约 1.2 克。

③ 尺寸较小的话则被称为"胶囊"。

中国的铜钱，通常由铜制成且中间有方孔。它也被称为"现金"，源自梵文 karsha。从公元前 2 世纪开始，中国开始使用铜钱。古人用一根线将中间的孔串起来后就变成了"一串现金"。有时 1 000 个为一串，有时几百个为一串。古代中国人通常将铜钱串扛在肩上。虽然名义上有 1 000 个，但通常会少一些，少掉的铜钱被收为编串的佣金。

唐朝（618—907 年）开始使用"飞行现金"，第一批纸币出现。它们是一种官方文件，用以证明硬币的数额，有时上面还会画上被证明对象。同样是在唐朝，布匹成为一种通用的清算债务的工具，因此它也是一种货币。标准布匹长 12 米，宽 54 厘米，一般用于高额交易。

印度最古老的硬币可以追溯到公元前 6 世纪。"卢比"（rupee）来自印地语，意思是"成形的"或"盖章的"，它是一种银币。最晚自公元前 4 世纪起，印度开始使用卢比。1957 年货币十进制化之前，1 卢比等于 16 安那（anna），1 安那等于 4 派沙（paisa，单词的词根意为"四分之一"），1 派沙等于 3 派（pie）。十进制化后，1 卢比等于 100（新）派沙。

在肯尼亚、乌干达和坦桑尼亚，最小货币单位仍是先令。在 2002 年使用欧元之前，奥地利一直使用先令（schilling）。该单词源自古诺尔斯语，意为"划分"。

"克朗"（crown）一词源自斯堪的纳维亚国家的 krone/krona 以及捷克的 koruna。英格兰的银克朗硬币大致和西班牙银币等值，为 1/4 英镑。20 世纪初实行固定汇率后，1 英镑可兑换 4 美元。20 世纪 40 年代，银克朗有一个昵称——"不列颠美元"。

美国独立战争之前，"美元"这个货币名称已经广为人知，它代表西班牙的八里亚尔，在美洲很常见。1775 年[①]，当一个新建国家需要一种新货币时，"美元"成为首选。八里亚尔的确可以被切

---

① 1857 年之前，西班牙银币是美国的法定货币。

成 8 小块，① 两小块相加等于 1/4 美元。所以有时候 1/4 美元又被称为"两小块"。10 分硬币"dime"（最初采用其法语拼写 disme）一词源自拉丁语 decima（十分之一），而 5 分镍币由金属镍制成。1 美元有时称为"一头雄鹿"（buck），因为 18 世纪的美国人会用鹿皮进行贸易。

测量金额

我们可以通过两种方式用钱去衡量一个国家的经济实力：第一种为资本，累计资产或负债——静态的钱；第二种为收入，税收或支出——动态的钱。② 它们经常被混淆（例如，国债属资本为静态，财政赤字属收入为动态）。资本好比水库，收入好比河流。

当我们测量金额时，我们并不是在测量一种物质实体。美元和美分的金额只是一种表示美分数量的方式，其他货币也一样。金额只是表示有多少个最小货币单位。

当我们测量距离、质量或时间时，我们可以依靠既定的、公认的、全球通行的标准单位系统，即国际单位制。但人类目前还没有建立一套绝对货币体系，我们只是根据自己的需求选择货币。鉴于美元是目前世界上很重要的货币，本书将采用美元。③ 但是，哪怕美元再强大，它也无法成为一个固定参照点。

---

① 罗伯特·史蒂文森的《金银岛》中，鹦鹉上尉弗林特的口头禅便是"8 小块！"

② "货币"（currency）的本意是什么？"在线词源词典"提供了以下定义：17 世纪 50 年代，它指"流动的状态"，源自拉丁语 currens，为 currere（跑步）的现在分词（参见形容词 current）；1699 年，其意义拓展为"流通的钱"。

③ 撰写本章时，英镑兑美元和欧元已大幅贬值，市场情绪不利于英国投资。美元本身一直在贬值。亲爱的读者，相信你比我还清楚背后的原因。

波动的汇率

　　货币之间的兑换比率不断变化。如果你想寻找一个基准数字或者想记住影响汇率的所有因素，那么你需要不停刷新信息。新闻媒体比较擅长将外币转换为本币。如果你能了解世界主要货币之间的大致等价关系，你肯定能从中受益。请记住，货币之间的兑换比率以及它的波动情况比货币的绝对价值更重要。

　　明确了这一点后，我们来看一下 2017 年底的一些基准汇率。

> **基准数字**
>
> 100 美元大约相当于：
>
> 125 澳元（AUD）
>
> 120 加拿大元（CAD）
>
> 95 瑞士法郎（CHF）
>
> 85 欧元（EUR）
>
> 75 英镑（GBP）
>
> 780 港元（HKD）
>
> 1.08 万日元（JPY）
>
> 650 元人民币（CNY）
>
> 6 400 印度卢比（INR）
>
> 5 750 俄罗斯卢布（RUB）

利率和通货膨胀

　　当问及某一利率或通货膨胀率是否为大数字时，这个问题并不好回答。看起来很小的数字都可以悄然产生巨大的财务影响。假如你借了 1 000 美元的高利贷，利率就算 10%（永远不要借高利贷，原因马上揭晓）。这个数字确实比银行贷款利率高一些，但也不至于高得离谱。真是这样吗？

如果你没有按月支付利息而是让它滚雪球，一年后你的债务将高达 3 138① 美元。如果你继续让它滚雪球，两年后你将欠债 9 850 美元。

利率之间的细微差异可能会产生很大的影响。如果将利率降低至每月 5% 而不是每月 10%，那么一年后你"仅"欠 1 796 美元，两年后欠 3 225 美元。利率减半后，支付的利息会减少一半多。

复利的运算在于计算多个增长率如何影响总额，其逻辑和对数尺相同。在对数尺上，每个刻度代表一个增长因素，增长率固定不变。当你的钱（或债务）以复利增长时，利率代表每一周期的移动距离，而周期数（这个案例的周期为月）则表示移动了多少次。我们都知道，对数尺上的总额增长是很快的。

增值的反面是贬值，通常发生在通货膨胀期间。再强调一次，看似无害的数字，时间一长也能带来惊人的影响。

货币贬值

当我们理解货币相关数字时，通货膨胀会让事情复杂化。质量有一个固定不变的参考标准——千克，时间和距离也有一套科学的绝对标准。但货币不同，它没有绝对标准。旧时的金币、银币也没有绝对标准。汇率处于不断变化之中，货币的价值也处于不断变化之中。货币通常会随着通货膨胀而贬值。一谈到钱，我们的数字处理能力就开始下滑。

与利率一样，通货膨胀以百分率来表示时似乎并不高，但雪球会越滚越大，可能会造成巨大影响。20 世纪 70 年代美国的通货膨胀率平均每年 7.25%，似乎还行，比 20 世纪 90 年代津巴布韦的通货膨胀率小得多，但 7.25% 的破坏力其实很大。如果累计去看十年以来的通货膨胀率，你会发现美元的购买力下降了 50% 以上。1980 年美元的购买

---

① 计算方式为 $1\,000 \times 1.1^{12}$。

力只有 1970 年的一半，你藏在床垫下的私房钱会贬值一半。

相比之下，在 20 世纪头十年中，美国的年均通货膨胀率为 2.5%。也就是说这十年中，美元贬值系数仅为 22%。但 22% 的贬值足以让你纠结还要不要继续在床垫下藏钱了，好在这个数字远不及 70 年代那么糟糕。

站在更长远的角度看，过去一个世纪中美国的年均通货膨胀率为 3.14%，也就是说，过去 100 年里美元贬值了 95.5%。换句话说，今天 1 美元的购买力仅等于 100 年前的 4.5 美分。英国的年均通货膨胀率为 4.48%，英镑贬值了 98.75%，今天 1 英镑的价值只有 100 年前的 1/80，相当于旧时的 3 美元或现在的 1.25 便士。英美年均通货膨胀率之间虽然只差 1.34%，但在一个世纪结束后英镑兑美元的汇率还不到之前的 1/4。

经验法则

如果你想知道自己的本金多久才能翻倍，你可以用 72 除以利率（不带%）。如果利率是 6%，那么需要 12 年。这就是"72 法则"。再检查一下：$1\,000 \times (1.06)^{12}$ 为 2012。

通过同样的方法，我们也可以计算在某一通货膨胀率下，你的钱贬值 50% 需要多久。在 20 世纪 70 年代的美国，美元贬值 50% 用了近 10 年时间（$72/7.25=9.9$ 年）。

72 法则也适用于其他增长率。如果一个网站的访问量平均每周增长 10%，那么访客翻倍需要 72/10 周（7 周多点）。

要比较不同年度的货币，我们必须考虑通货膨胀。我们需要在货币前面加上年份去限定它，比如 1970 年的美元或 2017 年的英镑。如果我们要比较越南战争和伊拉克战争的花费，我们必须将比较对象调整到同一时间维度（按照 2016 年美国的通货膨胀率来算，越战花费约 7 780 亿美元，伊拉克战争约 8 260 亿美元）。

过去数百年里，通货膨胀持续不断地产生影响。因此在日常生活中，我们经常使用很大的单位去描述金额，比如年薪数万美元，国家预算数十亿甚至数万亿美元。对本书而言，这些都是大数字。如今，要回答某笔金额是大是小变得越发困难。

在简·奥斯汀的《傲慢与偏见》中，浪漫的男主达西先生的年收入据说为 1 万英镑。这是一个很大的数字吗？今天肯定算不上，但 1810 年以来英镑的价值发生了怎样的变化？

因为通货膨胀，人们很难理解名著中提到的金额。为了方便比较，我制作了一份表格。它能帮助你计算过去某笔金额（英镑或美元）相当于现在（2016 年）的多少。[1]

年份	多少年前	英镑乘以……	美元乘以……
2015	1 年前	1.02	1.01
2011	5 年前	1.12	1.07
2006	10 年前	1.33	1.19
2001	15 年前	1.52	1.36
1996	20 年前	1.70	1.50
1991	25 年前	2.00	1.80
1986	30 年前	2.70	2.20
1976	40 年前	6.60	4.20
1966	50 年前	17.10	7.40
1941	75 年前	46.30	16.30
1916	100 年前	80.00	22.00
1866	150 年前	109.00	—
1816	200 年前	89.00	—
1810	206 年前	72.00[2]	—
1766	250 年前	160.00	—
1716	300 年前	189.00	—
1616	400 年前	233.00	—
1516	500 年前	922.00	—

---

① 写到这里，英镑又在下跌。这些数据都是英国脱欧前的……

② 有趣的是，这个数字比上面的低。它反映了 1816 年至 1866 年间的净通货紧缩。从 1819 年到 1822 年，英国的通货膨胀率均为负数，1822 年低至 -13.5%。

根据上表，达西先生的收入应乘以 1810 年对应的系数 72。如果那时他的年收入为 1 万英镑，放到今天就是 72 万英镑。这个数字绝对算大，足以让他跻身收入排行榜。

非常规购买力指标

汇率不能完全反映不同货币之间的相对价值。不同的商品和服务受制于自身的供求关系，不同地区情况不同。还有许多其他因素可能也会影响钱在不同国家的实际购买力。

来看一个有趣的例子。1986 年，《经济学人》推出了他们的"巨无霸"指数。他们通过追踪麦当劳巨无霸汉堡的价格（他们认为该商品高度国际化，同时制作标准也比较统一），去追踪不同货币的相对实际购买力。该指数一直沿用至今。截至 2017 年 9 月，巨无霸在瑞士最贵（6.74 美元），在乌克兰最便宜（1.7 美元）。在美国为 5.3 美元，在英国为 3.19 美元。

在非洲，麦当劳的影响力不及肯德基（全称为肯塔基州炸鸡），因此非洲使用肯德基指数追踪不同地区的购买力。

彭博社（Bloomberg）推出了"比利指数"，它基于全球家具供应商宜家（Ikea）生产的"比利书架"的售价。截至 2015 年 10 月，比利书架在斯洛伐克最便宜（39.35 美元），在埃及最贵（101.55 美元）。在美国卖 70 美元，在英国卖 53 美元。

测量经济体

钱可以用来衡量很多东西，尤其是一个国家的经济规模。下面为 2016 年一些国家的国内生产总值①（GDP），呈阶梯排列。如你

---

① 下一章将深入讨论 GDP。我们可以暂且将它视为一个国家的年收入，相当于一个国家的年薪。

所料，GDP 较小的经济体都是些岛屿国家。记住，每三个阶梯代表十倍的增长。其相当于一个对数尺：数字越来越大，增长速度越来越快。

1 000 万美元	纽埃 GDP＝1000 万美元
2 000 万美元	圣赫勒拿、阿森松和特里斯坦达库尼亚 GDP＝1 800 万美元
5 000 万美元	蒙特塞拉特 GDP＝4 400 万美元
1 亿美元	瑙鲁 GDP＝1.5 亿美元
2 亿美元	基里巴斯 GDP＝2.1 亿美元
5 亿美元	英属维尔京群岛 GDP＝5 亿美元
10 亿美元	萨摩亚 GDP＝10.5 亿美元
20 亿美元	圣马力诺 GDP＝20.2 亿美元
50 亿美元	东帝汶 GDP＝49.8 亿美元
100 亿美元	黑山共和国 GDP＝106 亿美元
200 亿美元	尼日尔 GDP＝203 亿美元
500 亿美元	拉脱维亚 GDP＝509 亿美元
1 000 亿美元	塞尔维亚 GDP＝1 010 亿美元
2 000 亿美元	乌兹别克斯坦 GDP＝2 020 亿美元
5 000 亿美元	瑞典 GDP＝4 980 亿美元
1 万亿美元	波兰 GDP＝1.05 万亿美元
2 万亿美元	韩国 GDP＝1.93 万亿美元
5 万亿美元	日本 GDP＝4.93 万亿美元
10 万亿美元	印度 GDP＝9.72 万亿美元
20 万亿美元	美国 GDP＝17.42 万亿美元
	中国 GDP＝21.3 万亿美元（按购买力计算）或 11.2 万亿美元（按名义汇率计算）[①]

---

① 11.2 万亿美元是基于人为低汇率计算出的；21.3 万亿美元是根据该国的购买力估算得出的。

基准 GDP

萨摩亚——10 亿美元。

黑山共和国——100 亿美元。

塞尔维亚——1 000 亿美元。

波兰——1 万亿美元。

印度——10 万亿美元。

美国——17 万亿美元。

中国——23 万亿美元。

真有钱！

德国 GDP（2016 年：3.98 万亿美元）约为

　　4×巴基斯坦 GDP（2016 年：9 880 亿美元）。

英国 GDP（2016 年：2.79 万亿美元）略高于

　　法国 GDP（2016 年：2.74 万亿美元）。

中石油营业额（2015 年：3 680 亿美元）约为

　　4×雀巢营业额（2015 年：922 亿美元）。

法国总税收（2016：1.29 万亿美元）约为

　　10×芬兰总税收（2016：1 280 亿美元）。

大众汽车营业额（2015 年：3 100 亿美元）约为

　　2×通用汽车营业额（2015 年：1 560 亿美元）。

巴西 GDP（3.14 万亿美元）约为

　　40×玻利维亚 GDP（783 亿美元）。

英国出口总额（2016 年：8 000 亿美元）约为

　　2×爱尔兰出口总额（2016 年：4 020 亿美元）。

电影《星球大战：原力觉醒》的成本（2 亿美元）为

　　1 000×兰博基尼超跑加拉多的成本（20 万美元）。

看穿国家财政

教育经费还不及因人民无知而付出的代价的 1/1 000。

——托马斯·杰斐逊

如果你认为教育太贵，那是因为你不知道无知的代价有多高。

——巴拉克·奥巴马

除了经济学家之外，我们当中有多少人真正了解国家财政？在谈及政府的税收和支出时，谁能理解相关数字？很少有人真正了解国家税收，很少有人真正理解政府代表人民花的那些钱。虽然每个反对党都声称如果他们当权，他们会提高财政支出的效率。然而，每一新政权上台后，"提高财政支出的效率"总是不可避免地沦为一张空头支票。

讽刺归讽刺。理解政府财政的运作方式以及财政数字的大小终归是有益的。这章并不是一堂经济学课，我只想为你绘制一张足够清晰的图片，它能帮助你对数字建立可靠印象。但我不会把内容弄得太复杂，也不想用复杂的经济学知识去吓唬你。

我会使用非常宽的画笔，主要目的是让你明白数字之间的相对大小。例如，美国和中国的经济规模大致相同，而英国的经济规模略超中、美的 1/10。

我不会罗列每个国家的数据，我不想把这一章变成一份份数据表。我选择了三个经济体来说明我的观点：我所居住的英国，以及世界上最大的两个经济体——美国和中国。两个国家的经济环境和运作制度存在天壤之别。

还有一个问题需要指出：我列出的数据全都过时了。通货膨胀、经济增长及其他变量共同作用，导致我所引用的所有数据全部过时。但本章的用意在于展示数字之间的相对大小和量级。我将时间定格在 2016 年，截至那年，所有的财政数据都已尘埃落定。我将继续使用美元，因为它是标准化的货币。

此外，网站 Is That A Big Number.com 上提供了几十个国家的财政数据，供你进一步了解感兴趣的国家。

我们赚了多少钱（一看 GDP）

让我们从"国内生产总值"或 GDP 这个枯燥的名称出发。一个家庭的经济决定主要取决于其收入；同理，一个国家的经济决策取决于它的财政收入。①

让我们来解剖一下这个术语："生产"指生产了多少产品；"国内"指在所讨论国家发生的经济活动（不包括该国公民在国外从事的经济活动）；"总值"表示该数字不考虑贬值或其他价值损失。GDP 绝不是衡量一个国家经济活动的完美指标（它未计算无报酬工作或黑市的经济活动），但它使用广泛且经过仔细计算。

我们喜欢用人均比例去表示大数字。从这点可以看出，我们对人口非常感兴趣。国家面积差别很大。如果只比较绝对经济统计数据，我们很难得出有意义的结论。但若以国家人口为基础去进行人均比较，我们将发现更多、更有意义的事。

---

① 世界生产总值（GWP）等于所有国家 GDP 的总和。

测量指标	国家		
	英国	美国	中国
GDP	2.79 万亿美元①	18.56 万亿美元	21.27 万亿美元② （官方为 11.22 万亿美元）
人口	6 400.00 万	3.24 亿	13.74 亿
人均 GDP	43 300 美元	57 300 美元	15 490 美元

基准数字（取近似值，记住数据时刻在变化）

英国 GDP 为 2.5 万亿美元。

美国 GDP 为 20 万亿美元。

中国 GDP 为 20 万亿美元。

政府收了多少税

税种繁多，下表覆盖了所有税种。

测量指标	国家		
	英国	美国	中国
税收	1.00 万亿美元	4.36 万亿美元③	4.68 万亿美元④
税收占 GDP 比重	3.60%	23.5%	2.20%
人均税收	15 460 美元	13 460 美元	3 400 美元

---

① 2016 年的数据，摘自《中情局世界各国年鉴》，汇率以 2016 年 12 月 31 日为准。

② 说到经济学，事情往往复杂起来。撰写本书时，中国政府采用了人为汇率。如果使用官方汇率，人民币的购买力就会下降，所以这里选择了 21.27 万亿美元，它更有价值。

③ 包括联邦税、州税和地方税以及"社会捐赠"。

④ 为了方便国际层面的比较，同时为了和之前引用的中国 GDP 保持一致，这个数据（以及其他中国数据）根据购买力平价 GDP 进行了调整。

政府花了多少钱

政府收税（以及贷款）的目的是支出。政府花了多少钱？

测量指标	国家		
	英国	美国	中国
政府支出	1.10 万亿美元	5.66 万亿美元①	5.50 万亿美元
政府支出占 GDP 比重	39.0%	30.5%	26.0%
人均支出	17 200 美元	17 470 美元	4 000 美元

基准数字（仍取近似值）

英国政府的支出为 1 万亿美元。

美国政府的支出为 5.5 万亿美元。

中国政府的支出为 5.5 万亿美元，与美国财政支出相同，但人口是美国的四倍多。

还剩多少钱

如果政府的支出超过税收收入，则本年度将出现赤字，政府将不得不借钱来弥补赤字。相反，如果它的支出小于税收收入，则将有盈余，政府可以偿还借款，甚至（很少）存入总盈余。② 下表数字均为负数，三个国家都出现了财政赤字。

---

① 包括社会福利。

② 总盈余有时会增加。例如，2016 年挪威的盈余为 110 亿美元。

测量指标	国家		
	英国	美国	中国
盈余/赤字	−0.10 万亿美元	−1.30 万亿美元①	−0.43 万亿美元
占 GDP 比重	−3.6%	−7.0%	−2.0%
人均	−1 560 美元	−4 000 美元	−310 美元
占总支出比重	−9%	−23%	−15%
支出/收入	110%	130%	117%

　　我一直都很警惕盈余/赤字之类的数字，它们能反映收入和支出两个大数字之间的差异，而这两个大数字几乎刚好平衡。所以它们极具迷惑性，会掩盖一些事实。该表最后一行为支出与收入比，它也能反映政府的财政状况，而且更易理解。

　　还要注意，赤字属年度数据，代表资金流而不是总额，它能反映政府在该年缺多少钱。

我们总共欠多少钱

　　赤字表示一年中我们缺多少钱，需要借多少钱。国债是一国多年来借贷的总净额（必须支付利息）。

测量指标	国家		
	英国	美国	中国
国债	2.57 万亿美元	13.70 万亿美元	4.20 万亿美元
国债占 GDP 比重	92%	74%	38%
人均	40 200 美元	42 300 美元	5 900 美元

---

　　① 包括社会捐赠和社会福利。如果排除它们，那么赤字将减小到 5 300 亿美元，占 GDP 的 2.9%，人均 1 636 美元。

它花了我们多少钱

国债以政府对公民的征税权为担保。国家具有征税权，其收入来源稳定，所以银行、养老基金等机构以及其他投资者愿意以相对较低的利率向政府贷款。根据他们的评估，政府无法偿还债务（或支付利息）的风险较低。

测量指标	国家		
	英国	美国	中国
国债利息	400 亿美元①	2 330 亿美元	2 700 亿美元②
占国债比重	1.6%	1.7%	3.3%
占 GDP 比重	1.40%	1.30%	1.27%
占税收比重	4.0%	5.3%	5.8%
人均	625 美元	720 美元	195 美元

这些数据促使人们围绕"紧缩"展开激烈的政治讨论，然后会蹦出一些骇人听闻的说法。比如美国政府的税收每增加 20 美元，就有 1 美元用于支付国债的利息。本书对此不持任何立场，因为我的目的是帮助你理解数字的含义及大小。

一听到贷款，我们往往会皱眉。总的来说，贷款确实不好听。虽说债务属负资产，但它也有积极作用。创业人士会将获得信贷额度视为企业的良性发展表现；年轻夫妇会因为银行批准了自己的抵押贷款而手舞足蹈，这样他们就可以购买首套房。通过借贷，我们的政府能够灵活采取行动措施。

---

① 官方数字是 530 亿美元，但因为量化宽松计划的部分规定，政府自己给自己支付了 130 亿美元。

② 2016 年的数据根据 2017 年债务和利息水平估算。

二看 GDP

如果 GDP 指一个国家一年的生产总量，那么生产的东西将变成什么？它要么在本国被消耗掉（"消费"），要么在国内被保留（"投资"），要么被送出国（"出口"）。如果我们谈论进口，就绕不开平衡问题。

GDP+进口＝消费+投资+出口

让我们看一下下表中三个国家的相关数据。

测量指标	国家		
	英国	美国	中国
GDP	2.79 万亿美元	18.60 万亿美元	21.30 万亿美元
个人消费	1.84 万亿美元（66%）	12.70 万亿美元（69%）	7.89 万亿美元（37%）
政府消费	0.54 万亿美元（19%）	3.29 万亿美元（18%）	2.98 万亿美元（14%）
投资	0.49 万亿美元（18%）	3.04 万亿美元（16%）	9.66 万亿美元（45%）
出口	0.80 万亿美元（29%）	2.23 万亿美元（12%）	4.68 万亿美元（22%）
进口	0.88 万亿美元（32%）	2.73 万亿美元（15%）	3.93 万亿美元（18.5%）

三看 GDP

最后一种理解 GDP 这一最重要经济指标的方法是：什么样的经济活动产生了它？

测量指标	国家		
	英国	美国	中国
GDP	2.79 万亿美元	18.60 万亿美元	21.30 万亿美元
农业	0.02 万亿美元（1%）	0.20 万亿美元（1%）	1.80 万亿美元（9%）
工业	0.54 万亿美元（19%）	3.60 万亿美元（19%）	8.50 万亿美元（40%）
服务业	2.23 万亿美元（80%）	14.80 万亿美元（79%）	11.00 万亿美元（51%）

从上表中可以看出，我们进入了一个农业（产值）占比非常低的时代。以农业为基础的经济体很少，例如塞拉利昂（农业占71%）和索马里（农业占60%）。现在，大多数成熟的经济体都以服务业为主。即使在中国，服务业也已经取代工业成为 GDP 的最大构成部分。

例：国防支出

这些数字对我们有什么用？在上文中，我选择性地罗列了中、美、英三个经济体的部分数据。我们可以看到，中国的个人消费水平较低，投资水平相应更高。英国和美国高度依赖服务业（中国服务业占比也在提高）。

我希望这些数字可以作为基准数字帮助到你，让你能够将新闻中出现的数字置入具体语境之中。举例说明，让我们看一下这三个国家的国防支出：

测量指标	国家		
	英国	美国	中国
GDP	2.79 万亿美元	18.60 万亿美元	21.30 万亿美元
政府开支	1.10 万亿美元	5.66 万亿美元	5.50 万亿美元
国防开支	0.051 万亿美元（占 GDP1.8%）	0.611 万亿美元（占 GDP3.3%）	0.404 万亿美元（占 GDP1.9%）
占政府开支比重	4.7%	10.8%	7.4%

例：科研支出

作为对比，我们来看一看三个国家在研究与开发（R&D）领域的支出：

测量指标	国家		
	英国	美国	中国
GDP	2.79 万亿美元	18.60 万亿美元	21.30 万亿美元
政府开支	1.10 万亿美元	5.66 万亿美元	5.50 万亿美元
R&D 开支	0.045 万亿美元（占 GDP1.7%）	0.470 万亿美元（占 GDP2.6%）	0.410 万亿美元（占 GDP2.1%）
占政府开支比重	3.6%	7.9%	14.5%

许多人认为人口增长是导致气候变化的主要原因。但自 1990 年以来，世界上每年出生的婴儿数量已停止增长。世界上 15 岁以下的儿童总数现在相对稳定在 20 亿左右。

——汉斯·罗斯林

下列哪个数字最大？

- □ 中国重庆的人口
- □ 奥地利的人口
- □ 世界上蓝色小羚羊的估计数量
- □ 保加利亚的人口

《立于桑给巴尔》: 世界有多拥挤

地球上生活着 70 亿人，这是个大数字吗？

1968 年，约翰·布鲁纳出版了一部科幻小说《立于桑给巴尔》。它的名字来源于作者的预测：到 2010 年如果世界上所有人并肩站立，桑给巴尔岛可以容纳每一个人。这本书非常有说服力，不仅描绘了那时的未来，还与今天的地缘政治和生活基调产生了共鸣。但是，作者的预测可信吗？

布鲁纳预测 2010 年世界人口将达到 70 亿。虽然事实是 69 亿，但 70 亿已经非常接近了。布鲁纳认为，每个人都能分到一块 1 英尺乘以 2 英尺的土地（换算成公制，约 0.6 米乘以 0.3 米）。这个数字很小，人们会密密麻麻站成一团。现在让我们思考一下这个数字，检查一下它是否合理。根据布鲁纳的预测，每人分到的土地不足 0.2 平方米。那么，每平方米可容纳 5 人，每平方千米可容纳 500 万人。

桑给巴尔岛的面积为 2 461 平方千米，即 24.61 亿平方米。按照布鲁纳的说法，桑给巴尔岛可以容纳约 120 亿人，这大大超过了他所预测的 70 亿人。实际上，120 亿超过了 21 世纪绝大多数的世界人口预测，但它迟早会成为现实。

地球总土地面积约为 1.5 亿平方千米，是桑给巴尔岛的 6 万倍。如果人类在整个地球上完美地均匀分布（包括南极洲、撒哈拉沙漠和其他荒凉偏远的地方），那么每平方千米将有 50 人左右。也就是说，每人大约分到 2 万平方米，不到三个足球场大。

我们不可能挤在 1/5 平方米的地皮上，当然也不需要三个足球场。世界人口密度到底是多少？中国澳门是世界上人口最稠密的地方，它的人口密度为每平方千米 2.1 万人，相当于每人 48 平方米。你可以将其可视化为一块 6 米乘以 8 米的园子。但我们明白，人类不仅需要个人空间，也需要公共空间，如道路、学校、公园①、超市等。如果我们都像澳门人那样密密麻麻地生活，那么我们只需要 35.7 万平方千米。我们可以视觉化这个数字吗？

我们可以找一个面积差不多的国家。日本的土地面积约 36.5 万平方千米。如果我们都能接受澳门的人口密度，那日本就可以容纳 75 亿人。

你也可以想象一个广阔的圆形城市，直径为 675 千米。开车走高速穿越这个城市需要大半天。如果你的脑海已将赤道周长存储为基准数字，那你肯定记得它为 4 万千米。你可以将赤道想象成一

---

① 澳门也有绿化。

个丝带状的城市。它环绕地球，全长 4 万千米，但宽度不足 10 千米。从丝带中点（朝北或朝南）步行至边缘需要一小时。当你到达边缘后，你会发现你和两极之间只有一片汪洋。

如此想象一番后，有没有觉得突然之间世界似乎不那么拥挤了？

但我们得面对现实，这个超级城市将非常拥挤。这里人口密度极高，生活异常不便，单物流和垃圾清运的问题就无法解决。所以我们还是换个视觉化模型吧。珠江三角洲如何？它是世界上最大的城市群。

珠江三角洲面积 3.94 万平方千米，包括澳门和香港，人口众多。有多少呢？4 200 万~1.2 亿，这个估算实在太敷衍。我们不妨取个中间值，8 000 万。那么，每平方千米约有 2 000 人，人口密度约为澳门的 1/10，每人能分到 500 平方米。我们可以将其视觉化为一个 25 米乘以 20 米的园子。那么 75 亿人大约需要 375 万平方千米。

如果以珠江三角洲的人口密度为标准，那么我们之前想象的那个围绕地球的丝带状城市的宽度需接近 100 千米。

如果换成一个圆形的超级城市，那么它的直径需达到 2 200 千米。什么概念？相当于整个欧盟（土地面积约 440 万平方千米）的 86%。这样就可以按照珠江三角洲的人口密度容纳世界上所有人，而且还有多余地皮。我们也可以换成阿尔及利亚、尼日尔和突尼斯这三个国家。它们的总土地面积大约为 380 万平方千米，更接近上文提到的数字。

或许珠江三角洲还是有些拥挤，无法满足我们的胃口。如果我们想给自己预留足够的肘部空间，那么可以采用欧盟的人口密度。欧盟人口约 5.1 亿，总面积为 440 万平方千米，人口密度为每平方千米 120 人，是珠江三角洲的 1/10。以这样的密度，全世界的人将需要 6 500 万平方千米左右，相当于七个面积最大的国家（俄罗斯、加拿大、美国、中国、巴西、澳大利亚和印度）加在一起。

中国的人口密度略高于欧洲，每平方千米 145 人。英国的人口密度比欧盟高出一倍多，每平方千米约 271 人。美国人口相对较少，每平方千米只有 33 人。新西兰更空旷，人口密度约为美国的一半，每平方千米约 18 人。

因此这事儿完全取决于你的喜好。如果你能忍受欧洲的拥挤程度，那么我们所有人都有足够的空间；如果你想象美国人或新西兰人那样拥有足够的开放空间和肘部空间，那么整个世界比你想象中拥挤得多。

智人的崛起

在历史的曙光中，大约公元前 3000 年，人类发明了文字并开始记录他们的故事。那时，世界上大约有 4 500 万人。3 000 年后公历纪元开始之际，世界上大约有 1.9 亿人。2017 年，世界人口是 76 亿，是公历纪元开始时世界人口的 40 倍。

但 2 000 年是一段很长的时间，40 倍的增长意味着年均增长率仅为 0.18%。下图绘制了世界人口的增长趋势：

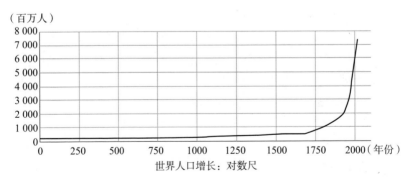

世界人口增长：对数尺

上图表面人口的增长并不稳定，详细情况如下：

- 1—1000 年：年均人口增长率为 0.09%。

约为平均增长率的一半。

- 1000—1700 年：年均人口增长率为 0.10%。

略微增加。

● 1700—1900 年：年均增长 0.50%。

快速增长，增长率为上一时段的 5 倍。

● 1900—2000 年：年均增长 1.32%。

再次快速增长，速度超过上一时段的一倍。

看到这张图，你可能会想起前文提到的摩尔定律，可能会考虑借助对数尺去理解这些数据。

之前我提过对数尺上的指数增长应呈一条直线，因此世界人口增长已经超越了指数级，就连对数尺也无法描绘过去几百年中人口的急剧增长。

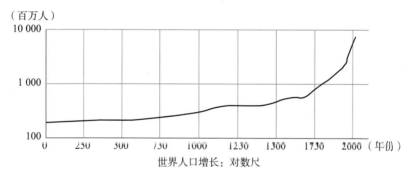

世界人口增长：对数尺

纵观近几十年，尽管世界人口仍在增长，但增速并不像 20 世纪那样快。20 世纪 60 年代，世界人口增长率达到峰值，每年超过 2%。但现在，增速已经下降到 1.13% 左右。以目前的增速，世界人口预计将在未来 60 年左右翻一番。

但是许多人口统计学家认为这不太可能，因为世界人口出生率已经稳定下来。自 1990 年以来（将近 30 年），15 岁以下的儿童数量一直维持在 20 亿左右。借用汉斯·罗斯林的话，儿童人口已经攀上"顶峰"。尽管世界人口预计将继续增长，但当这一年龄段的儿童进入成年后，下一代儿童数量基本不会改变，人口增长率将继续下降。联合国预测，到 21 世纪末，世界人口将达到 110 亿左右，远远超过今天。但这不同于 20 世纪六七十年代，那时人口呈指数增长，势不可当，如同一场马尔萨斯式的噩梦。[1]

> **基准数字**
>
> （截至目前）世界人口增长率峰值为 2%+。
>
> 当前世界人口增长率为 1.13%。
>
> 联合国在 2017 年预测的 2100 年世界人口为 112 亿。

人口平均预期寿命

推动人口增长的不只是高出生率，还有高平均预期寿命。现在人类的平均寿命比过去更长了。20 世纪，平均预期寿命明显快速增加，不仅是在发达的西方国家。

取特定日期出生的人群的预期寿命平均数，便能计算出"平均预期寿命"。你可以将这些平均值视为一个大型数据范围的中心，从零（考虑到婴儿和儿童的死亡）到更高年龄段（考虑到高龄人群）。[2]

1850 年之前几个世纪中，平均预期寿命徘徊在 40 岁左右，这并不是说在那些年代，如果一个人到了 40 岁就要寿终正寝了。当时的世界肯定也生活着许多满足现在长寿标准的人。但是他们的寿命会被那些过早死亡的人平均掉。因此，平均预期寿命取的是寿命的平均值，平均值低，意味着儿童死亡率高，儿童死亡率高，意味着生存条件恶劣。

儿童死亡率

"用数据看世界"说过这样一段话，我引用到这里：我们看不

---

① 马尔萨斯为英国人口学家，他在《人口论》中指出，"人口按几何级数增长，而生活资源只能按算术级数增长，所以饥饿、战争和疾病不可避免"。（译者注）

② 下一章我们将会看到，一组数字的平均值并不总是具有"代表性"。

到进步的原因之一是我们看不到过去有多糟糕。1800 年，人类的健康状况很差，全世界 43% 的新生儿在 5 岁之前就会夭折……到了 1960 年，儿童死亡率仍高达 18.5%。那年出生的孩子中，几乎 1/5 会夭折。

生活在 20 世纪 50 年代的印度是什么感觉？每 4 个活产儿中，就有 1 个活不到 5 岁。如今在英国，这一比例为 1/250。我们将其称为进步。

人们付出了很多努力去减少婴幼儿的致死因素，这确实提高了平均预期寿命，但这不是唯一原因。如果不考虑婴幼儿死亡率，平均预期寿命也有所增加。

由于医学在抗击致命疾病方面取得的进步以及儿童死亡率的降低，越来越多的人能够走完一生。未来医学技术也许会以只有在科幻小说中才能看到的方式继续提高人类寿命，但人口老龄化又会带来巨大影响。

人类不是地球的主人

从许多方面看，智人是这个星球上最成功的物种，人类已经遍布世界各地。到目前为止，人类的数量超过了其他所有物种。现在世界上生活着 75 亿人，曾经生活过 1 000 亿人。

人类体重相加约 3 600 亿公斤，占地球上所有陆地哺乳动物总体重的 1/4。只有家畜能够挑战人类。它们总体重为 5 000 亿公斤，个体超 10 亿。

但是，那些体形更小的物种却能在数量上轻易打败人类。世界上有多少只蚂蚁？目前科学家没有达成共识，连数量级也没有共识。我们总是听到这样一个"事实"：世界上所有蚂蚁的生物量绝不低于人类的生物量。其实这一说法一直未被证实。不过就个体数量而言，蚂蚁个体数量肯定超过了人类，但不确定究竟超过了几个数量级。根据英国广播公司的一部纪录片，世界上蚂蚁的估计数量已从 10 000 万亿修正为仅 100 万亿，但它们仍比人类多出四个数量级（1万倍）。

海洋中南极磷虾的数量也能超过人类。就生物量而言，磷虾重约 5 000 亿公斤（约等于陆地上的牛）。

这些数字看似很大，但和植物的生物量相比，它们就逊色了。如果算上植物的生物量，地球总生物量将达到 520 万亿公斤，是地球上所有陆地哺乳动物的 400 倍。

即便这个数字再大，即便地球的生物量再重，也仅占北美五大湖水质量的 1/40，占整个地球质量的 1/10。地球上的生命仅占地球的很小一部分。

种群数量

人类是地球上数量最多的大型哺乳动物，① 紧随人类之后的自然就是被人类"驯化"的动物。人类"驯化"这些动物，要么是因为它们的肌肉力量，要么是因为它们的肉或奶，要么是因为它们的陪伴。这些动物按降序排列依次为：牛（10亿）、绵羊（10亿）、猪（10亿）、山羊（8.5亿）、猫（6亿）、狗（5.25亿）、水牛（170万）、马（6 000万）和驴（4 000万）。

讨论了被"驯化"的动物之后，我们再来看那些数不清的野生物种。东部灰大袋鼠约有 1 600 万只，② 食蟹海豹约有 1 100 万只。实际上，海豹的种类很多，其中几个种类的数量能以百万计。海豚的数量（有 42 种）也很难计算，虽也达到了数百万，但比人类小三个数量级。

然后是各种羚和鹿，包括牛羚和驼鹿，虽然它们的数量也有好几百万，但还是大大少于人类和家养动物——少 1 000 倍。让我们

---

① 小型哺乳动物的数量很难确定。大体形老鼠和小体形老鼠加起来可以与人类抗衡。

② 如果红袋鼠、东部灰大袋鼠、西部灰大袋鼠、大袋鼠这四种加在一起，2011 年袋鼠约有 3 400 万只。

暂停下来思考一下。还记得前文有关"1/1 000"的图示吗？嗯，这个星球上每千头奶牛只对应一只美国黑熊，每千只黑熊只对应一头野生双峰驼。

动物种群数字阶梯（降序）

100 亿	人类：智人（74 亿）
10 亿	家畜牛（10 亿）
5 亿	家犬（5.25 亿）
2 亿	水牛（1.72 亿）
1 亿	马（5 800 万）
5 000 万	驴（4 000 万）
2 000 万	东部灰大袋鼠（1 600 万）
1 000 万	食蟹海豹（1 100 万）
500 万	蓝羚羊（700 万）
200 万	黑斑羚（200 万）
100 万	西伯利亚狍（100 万）
50 万	灰色海豹（40 万）
20 万	普通黑猩猩（30 万）
10 万	西部大猩猩（9.5 万）
5 万	倭黑猩猩（5 万）
2 万	非洲犀牛（白色和黑色）（2.5 万）
1 万	小熊猫（1 万）
5 000	东部大猩猩（5 900）
2 000	野生大熊猫（1 800）
1 000	野生双峰驼（950）
500	埃塞俄比亚狼（500）
200	侏儒猪（250）
100	苏门答腊犀牛（100）
50	爪哇犀牛（约 60）

感谢许多动物保护人士的努力，人们普遍对濒危物种有一定的

认识。当然，保护对象主要是排在后面的物种，它们是最容易灭绝的（还有许多濒危动物没有出现在列表中）。看看列表后面的濒危物种的数量吧。看看列表中间的物种的数量吧，它们只是暂时还未被贴上"濒危"的标签。

如果你前往非洲南部某个野生动植物保护区旅游，你会发现黑斑羚随处可见、数量众多。但是，它们的总数却只有 200 万，仅为人类的 1/4 000。世界上最大城市的居民数量是它们的 10 倍。人类留给野生动物的生存空间极其有限，不容辩驳。

保护动植物

保护开放空间和野生生物对于人类的福祉和生活质量至关重要。我们越早认识到这一点，越能尽快采取措施。

——吉姆·福勒

撰写此书前，我搜集了不少动物种群数据，它们发人深思。总体来讲，这些数字都不大，实在可悲。

在我看来，世界人口太多并非症结所在。每个人的生命都很宝贵，每个活着的人都有潜力书写人类的伟大。我认为，非人类数量太小才是问题的关键。泽西岛的居民数量是老虎的 25 倍，当你知道这一事实后会深感震惊。我们来想象一下纽约市麦迪逊广场花园的音乐会场，偌大的场馆只有两个座位留给还活着的猎豹。这种视觉化很有意思！

列表中的濒危动物还算知名，我们还算了解它们。在野生动植物纪录片中，我们可以看到成群的蓝羚羊穿越非洲大草原，画面很美。突然，你意识到内罗毕的人口数量是全世界蓝羚羊的两倍。

人类驯养的动物其实也没有我们想象中那么多。尽管猪是非常重要的食用动物，但世界上仅有 10 亿头猪（一半在中国）。世界上有 5 亿只狗（"人类最好的朋友"还不到人类数量的 1/10）。

动物保护工作的重点是拯救濒危动物，这种做法肯定没错。

但从数据来看，拯救濒危物种只是许多问题中最紧迫的。我们做得远远不够，我们不仅要阻止它们灭绝，还要努力增加它们的数量。

陆地保护区指"由国家当局指定的科学保护区，面积至少1 000公顷，全部或部分受到保护，公众不能随意进出，包括国家公园、自然遗迹、自然保护区、野生动植物保护区或其他受到可持续管理的区域。"这个定义不仅长，而且很宽泛，尤其对本书而言。[1]

为了找到一个更好的定义，我查看了世界上最长的陆地保护区清单。根据它，世界上最大的保护区在格陵兰岛东北部，面积近100万平方千米。其次是位于阿尔及利亚的阿哈加尔国家公园，面积为45万平方千米。然后是卡万戈赞比西跨境保护区，它由几个国家境内（包括赞比亚、津巴布韦、博茨瓦纳、纳米比亚和安哥拉）的许多小公园组成。它们彼此相连，共39万平方千米。名单上所有保护区的面积总计430万平方千米，仅占地球陆地面积的2.9%。

如果人类能够将3%的陆地面积归还给野生动物，那么世界上野生动物的居住地将增加一倍以上。当然，我把事情想得过于简单。这样做将给人类造成极大的破坏，因为它会带来巨大的政治动荡。[2] 尽管如此，如果我们只愿将地球表面积的极小一部分划为野生动植物保护区，会是荒谬而且短视的。

---

[1] 我就生活在一个被称为"萨里山"的保护区，位于英格兰乡村，但它算不上野生动物保护区。

[2] 我的建议还算保守，有些活动家的"野心"比我大得多。例如生物学家E. O. 威尔森，他认为人类应该将一半的地球留给野生动植物。

数量对比：

奥地利的人口（871 万）约等于
  秘鲁首都利马的人口（869 万）。

巴基斯坦的人口（2.02 亿）约为
  2.5×德国的人口（8 070 万人）。

波多黎各的人口（358 万）约为
  4×非洲野水牛的估计数量（89 万）。

巴巴多斯的人口（29.15 万人）约为
  50×东部大猩猩的估计数量（5 880）。

非洲大象的估计数量（70 万）约为
  100×阿拉伯大羚羊的估计数量（7 000）。

印度尼西亚首都雅加达的人口（1 070 万）约为
  1 000×巽他云豹的估计数量（1 万）。

西撒哈拉的人口（58.7 万人）约等于
  卢森堡的人口（58.2 万人）。

摩洛哥的人口（3 370 万人）约为
  100×冰岛的人口（33.6 万人）。

贫富差距与生活质量

下列哪个国家幸福指数最高？

☐ 英国

☐ 加拿大

☐ 哥斯达黎加

☐ 冰岛

测量数据分布

欢迎来到沃比贡湖。在这里，所有女人都很坚强，所有男人都很英俊，所有孩子都很聪明。

——加里森·凯勒尔

——2015 年，英国人平均税后收入约 24 000 英镑。这是个大数字吗？

——在加拿大，财富排后 50% 的人口拥有 12% 的全国财富。这是个大数字吗？

——2015 年，12% 的世界人口生活在赤贫中。这是个大数字吗？

英国索普公园的"隐形"过山车建立在一个简单概念之上。过山车刚出发就立即沿轨道垂直爬升。当它上升到 62 米高的顶点后，旋即开始垂直下降。相当恐怖。① 过山车再次攀升，然后减速绕圈。整个行程仅需半分钟。因为轨道长达半公里，所以平均速度为 60 千米/小时。这个速度本身没那么恐怖，真正恐怖的是速度的变化。过山车从零加速到 129 千米/小时，用了不到两秒。攀升时减速、下降时陡然加速，乘客会产生失重的感觉，所以玩过山车很刺激。有时候，平均数并不能说明全部。

在得克萨斯州的休斯敦，8 月的平均风速约 5.5 千米/小时。但在 2017 年 8 月 26 日，哈维飓风以超过 200 千米/小时的速度登陆。当我们应对灾难时，平均数没有多大帮助。你需要知道天气情况如何变化，希望你能正确应对极端天气。

很多时候，平均数并无太大意义，有时它还会误导我们。2013 年，英国纳税人的平均税后收入略高于 2.4 万英镑，但大多数人（事实上占比 65%）的税后收入远低于平均水平。这是因为收入呈偏态分布。

下图绘制了 2013 年英国纳税人税后收入数据，显示了九个收入等级对应的人口百分比。

---

① 相信我，因为……我坐过。没人知道它为什么叫"隐形"！

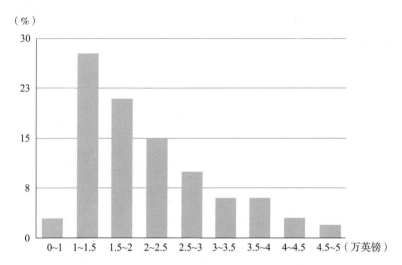

（%）

偏态很明显：低收入的纳税人数量庞大，较高收入的纳税人数量较少，还有极小部分人（未显示，他们数量太少无法绘制）收入极高。从数学上讲，这极小部分人肯定会拉高平均收入。不难看出，虽然税后平均收入为 2.4 万英镑，但这个数字不具代表性。①

我们之所以喜欢平均数，部分原因是它们方便、计算起来很简单。在撰写本书时，我在很多地方使用了平均数，以驯服大数字并将其牵引到我们的数字舒适区。但是平均数具有同质化效果，它背后暗藏了一个假设：无论使用什么基数（例如纳税人口）来计算平均数，该基数的成员都是相同的。每当我们计算人均时（作为数字公民，这是工具包的一部分），我们计算的是平均数，因此我们可能会忽略数据的分布情况并因此付出代价。有时候，计算平均数是理解事物的第一步，但我们要认识到这样做确实有风险。

---

① 还有一种方法可以证明数据偏态：如果我们忽略收入排前 10% 和后 10% 的纳税人，平均收入将降至 2.1 万英镑（如果数据呈正态分布，平均数不会改变）。这表明，前 10% 的"向上拉动"力量要比后 10% 的"向下拉动"力量强得多。

每位统计学家的工具包都包含一组标准的描述性统计信息，以汇总数据集。首先是均值，也就是我们说的平均数。接下来是方差，顾名思义，它是数据在均值上下变化的量度。第三是分布偏度，它是度量不平衡的方法之一。① 对于统计学家来说，这些描述性统计数据可以提供很多洞见。但普通人难以解释这些计算结果。如果我们只看平均数，则会漏掉大量信息。更糟糕的是，最终我们可能会对事物形成错误印象。

政府报告纳税人平均收入时，我们通常希望获得代表性数据。因此，均值具有误导性。谈论收入时，我们的首选应该是中位数。这个数字将数据集一分为二：中位数之上和之下的案例一样多。如何获得中位数？我们可以查看不同百分位数范围对应的案例数量，如排前10%的纳税人的收入以及排后10%的纳税人的收入。

让我们回到英国人的税后收入。查看所有数据后可以得出中位数为 19 500 英镑。如果我们按高低顺序排列所有收入，位于中点的就是中位数。50%的人的收入低于中位数，它被称为第50百分位数。如果你想进一步了解数据的分布情况，可以查看其他百分位。2013 年英国纳税人的收入数据如下表所示。

单位：万英镑

百分位数	收入	备注
第 10	1.14	10%的纳税人收入低于 1.14
第 20	1.31	10%的纳税人收入为 1.14~1.31
第 30	1.49	
第 40	1.70	
第 50	1.95	中位数（50%低于这个数，50%高于这个数）
第 60	2.26	
第 64	2.40	均值（平均数）

---

① 这些都被称为分布矩。其实还有第四种：峰度。它用以衡量分布的尾巴有多重。要解释"矩"的含义很难，不是三言两语可以说清楚的。

百分位数	收入	备注
第 70	2.66	
第 80	3.26	80% 收入低于这个数
第 90	4.15	10% 收入高于这个数
第 99	10.70	1% 收入高于这个数

虽然我们不可能采用这种方式去分析新闻中的每个统计数据，但我们需要记住，下一次某位政客引用"平均收入增加"时，他所说的情况可能并不符合每个人。

这个国家算大吗

联合国有 193 个会员国，其中 5 个国家是安全理事会常任理事国。因为这一身份，这 5 个国家具有较大的权力。但在联合国大会上，所有国家均享有同等待遇，并享有同等投票权。当运动员在奥运会开幕式上游行时，他们会受到同等的待遇：同等的横幅，同等的介绍。公平似乎在呐喊：每个国家都应得到同等待遇。但是，就实际的经济和政治影响力而言，很明显并非所有国家都具有相同的话语权。我们知道国家有大有小，但也许我们还不完全了解这种分布的偏态程度。

下图显示了不同人口规模对应的国家数量。世界上一半以上的国家人口不到 1 000 万，只有 13 个国家的人口超过 1 亿。

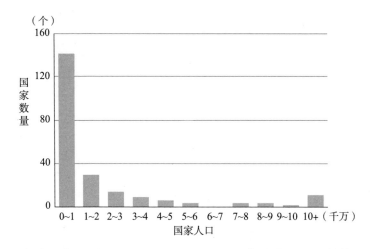

所有国家的平均人口约 3 200 万，但这个数字不是中位数。只有 40 个国家的人口大于它，189 个国家的人口都小于它。这再次证明了平均数无法体现人口的偏态分布。国家人口中位数约 550 万，代表性国家为芬兰和斯洛伐克。

测量贫富差距——基尼系数

1912 年，社会学家和统计学家科拉多·基尼提出了基尼系数，它可以量化一组数据的"统计离差"或分布平等程度。计算基尼系数非常简单，只用一个数字就可以抓住分布的"不平等性"。该系数最常用于衡量收入和财富的分配。基尼系数为零表示分配绝对平等，即每个人获得的份额相同。基尼系数为 1 表示绝对不平等，一人坐拥全部。

下表罗列了部分国家的基尼系数，从低到高排列。它同时采用了第二种指标描述不平等情况：后 50% 人口的收入占国民总收入百分比。如果一个国家收入分配绝对平等，这一指标则为 50%。

国家	基尼系数	后50%人口的收入占国民总收入百分比
丹麦	0.248	34.2%
瑞典	0.249	34.1%
德国	0.270	32.9%
澳大利亚	0.303	31.0%
加拿大	0.321	30.0%
英国	0.324	29.8%
波兰	0.341	28.9%
日本	0.379	26.8%
世界	0.380	26.8%
泰国	0.394	26.0%
中国	0.422	24.6%
尼日利亚	0.437	23.8%
美国	0.450	23.1%
巴西	0.519	19.7%
南非	0.625	14.8%

上表显示了收入分配的不平等，但财富分配不平等又是另一回事，差距更大。下表按照财富分配不平等重新排列了所选国家的顺序。

国家	基尼系数	后50%人口的财富占国民总财富百分比
日本	0.547	18.4%
中国	0.550	18.2%
巴西	0.620	15.0%
澳大利亚	0.622	14.9%
波兰	0.657	13.4%
德国	0.667	12.9%
加拿大	0.688	12.0%
英国	0.697	11.7%
泰国	0.710	11.1%

续表

国家	基尼系数	后 50% 人口的财富占国民总财富百分比
尼日利亚	0.736	10.0%
瑞典	0.742	9.8%
南非	0.763	8.9%
美国	0.801	7.4%
世界	0.804	7.3%
丹麦	0.808	7.1%

有很多东西值得我们注意。首先，财富分配基尼系数远超过收入分配基尼系数。其次，就收入分配而言，丹麦最平等，但就财富分配而言，丹麦却非常不平等。[1] 日本的收入不平等接近世界平均水平，但它的财富分配平等程度在所有国家中最高。

生活质量：联合国千年发展目标

当你衡量某事物时，你就在管理它。

——彼得·德鲁克

2000 年，联合国发表了《千年宣言》，承诺八项国际发展目标。189 位世界领导人签署了声明。从数字的角度看，这组目标很有趣，因为它不仅提出了八个特定目标，而且每个目标下面又有特定数量的子目标和明确的结束日期，即 2015 年。换句话说，我们可以去测量这些目标的完成情况。

全球并未对这些目标达成共识，它们是政治妥协的产物，这点在情理之中。宣言签署之日起，它们饱受批评。一方面，它们未考虑到许多团体的利益，让这些团体感到失望；另一方面，这些目标的优先顺序也引起了诸多争议。但是，几乎没有人质疑目标

---

[1] 只有纳米比亚和津巴布韦的财富分配基尼系数高于丹麦。

本身的价值。

特定数量的目标、明确的截止日期——热爱数字的人别无他求。让我们看看这些目标的进展。

目标一：消灭极端贫穷和饥饿

子目标1 A：1990—2015年，将每日生活费低于1.25美元①的人口比例减半。

进展：超额完成。

1990年，发展中国家将近一半的人口每天生活费不足1.25美元。到2015年，这一比例下降到14%。在全球范围内，这一比例从36%下降到12%。

子目标1 B：使妇女、男子和青年体面就业。

进展：非常糟糕。

1991—2015年，发展中地区就业人口百分比从64%下降到61%。在发达地区，这一比例从57%下降到56%。尽管如此，1991—2015年，中产阶级工人中每日收入超过4美元的人数几乎增加了两倍。该群体现占发展中地区劳动力的一半，而1991年仅为18%。

子目标1 C：1990—2015年，将挨饿人口比例减半。

进展：取得很大进步。

自1990年以来，挨饿人口比例几乎减少了一半，从1990—1992年的23.3%下降到2014—2016年的12.9%。

> **基准数字**
>
> 挨饿人口比例从1990年的36%下降到2015年的12%。

---

① 若考虑通货膨胀，它相当于1996年的1美元。

目标二：普及初等教育

子目标2：确保到2015年，世界各地的儿童，不论男女，都能完成初等教育。

进展：取得较大进步。

发展中地区的小学净入学率从2000年的83%提升至2015年的91%左右。发达地区的这一数字稳定在96%。

> **基准数字**
>
> 2015年，发展中地区接受初等教育的儿童达91%。

目标三：两性平等和女性赋权

子目标3：最好在2005年之前消除初等和中等教育中的性别差距，并在2015年之前消除各级教育中的性别差距。

进展：取得极大进步。

发展中地区约2/3的国家在初等教育中实现了性别平等。即使在没有实现性别平等的地方，也离这一目标越来越近。从非农业部门有薪就业的工人性别分布来看，这一比例已从1990年占劳动力的35%上升到2015年的41%。

目标四：降低儿童死亡率

子目标4：1990—2015年，将5岁以下儿童死亡率降低2/3。

进展：取得较大进步。

1990—2015年，全球5岁以下儿童死亡率下降了一半以上（53%），从每千名活产儿中90例死亡降至43例。

> **基准数字**
>
> 2015年，儿童死亡率为4.3%，低于1990年的9%。

目标五：改善妇产保健

子目标 5 A：1990—2015 年，将产妇死亡率降低 3/4。

进展：一般。

自 1990 年以来，孕产妇死亡率几乎降低了一半（45%）。

子目标 5 B：到 2015 年，实现普遍享有生殖保健。

进展：较慢。

在发展中地区，只有一半的孕妇接受了四次产前检查（建议最低次数）。在全球范围内，使用任一避孕方法的 15～49 岁已婚或同居妇女的比例从 1990 年的 55% 增加到 2015 年的 64%。

目标六：对抗艾滋病毒/艾滋病、疟疾和其他疾病

子目标 6 A：到 2015 年遏制并开始扭转艾滋病毒/艾滋病的蔓延。

进展：一般。

2000—2013 年，新的 HIV 感染病例下降了 40% 左右，从估计的 350 万例下降到 210 万例。2005 年是高峰年，有 240 万人死于艾滋病。到 2013 年，死亡人数减少到 150 万。艾滋病致孤儿童人数在 2009 年达到顶峰。

子目标 6 B：到 2010 年，向所有需要者提供艾滋病毒/艾滋病治疗。

进展：取得较大进步。

截至 2014 年 6 月，全球有 1 360 万艾滋病毒感染者接受抗逆转录病毒疗法（ART），大大高于 2003 年的 80 万。1995—2013 年，ART 避免了 760 万人死于艾滋病。

子目标 6 C：到 2015 年遏制并开始扭转疟疾和其他主要疾病的发病率增长。

进展：取得极大进步。

2000—2015 年，全球疟疾发病率估计下降 37%，全球疟疾死

亡率下降了 58%。1990—2013 年，结核病造成的死亡率下降了 45%。

基准数字

2005 年，艾滋病年死亡人数达到峰值，为 240 万人。

目标七：确保环境可持续性

子目标 7 A：将可持续发展原则纳入国家政策和方案，扭转环境资源的流失。

进展：有喜有忧，忧为多。

森林砍伐速度比 20 世纪 90 年代下降了 60% 左右。温室气体排放量继续增加，比 1990 年高出 50%。由于全球减少消耗臭氧层物质的共同努力，预计到 21 世纪中叶臭氧层将恢复。海洋渔业的过度开发正在加剧。缺水影响了全球 40% 以上的人口，而且预计还会增加。

子目标 7 B：减少生物多样性的丧失，到 2010 年显著降低丧失率。

进展：有喜有忧，忧为多。

预警物种灭绝风险的《红色名录》中的指数显示，已发现的所有物种中，相当比例的物种的数量和分布范围在下降。这意味着它们的灭绝风险越来越高。自 1990 年以来，全球保护区的覆盖范围已扩大。到 2020 年，保护区预计将至少覆盖陆地和内陆水域的 17%，以及海洋和沿海地区的 10%。

子目标 7 C：到 2015 年将无法持续获得安全饮用水和基本卫生设施的人口比例减半。

进展：喜忧参半，饮用水方面很好，卫生条件方面一般。

1990—2015 年，全球人口使用改善饮用水源的比例从 76% 增加到 91%，超过了 2010 年完成的目标。无法获得改善卫生设施的人口比例从 46% 下降到了 32%。

子目标7D：到2020年，使至少1亿贫民窟居民的生活得到明显改善。

进展：稳定。

发展中城市贫民窟中的人口比例从2000年的约39.4%下降到2014年的29.7%。

目标八：全球发展合作

子目标8A：进一步发展一个开放的、遵循规则的、可预测的、非歧视性的贸易和金融体制。

进展：一般。

过去十多年来，发展中国家从发达国家进口的免税商品显著增加，从54%增至79%。

子目标8B：满足最不发达国家的特殊需求。

进展：甚微，积极改变很少。

子目标8C：满足内陆发展中国家和小岛屿发展中国家的特殊需求。

进展：甚微，积极改变很少。

子目标8D：通过国家和国际措施全面处理发展中国家的债务问题，使债务可以长期持续承受。

进展：初期不错，但预计会恶化。

2013年，按外债偿还额与出口收入的比例衡量，发展中国家的债务负担为3.1%。与2000年的12.0%相比，这是一个重大进步。

子目标8E：与制药公司合作，为发展中国家提供负担得起的基本药物。

进展：无法获取真实信息。

子目标8F：与私营部门合作，提供新技术，特别是信息和通信技术产生的好处。

进展：取得巨大进步，但不平等加剧。

截至 2015 年，移动人口信号覆盖了全球 95% 的人口。互联网普及率已从 2000 年的 6% 增长到 2015 年的 43%，覆盖了 32 亿人口。对于发达国家来说，这个数据大约是人口的 82%，而对于发展中国家来说，约是人口的 1/3。在撒哈拉以南的非洲，这一数据约 20%。

如何测量总体进展

上文各个目标的进展情况有喜也有忧，它们被打包在一起。从结果可以明显看出，并不是每个目标都可以被测量。某些情况下，它们似乎更像愿望而非目标。

另外，联合国也取得了一些巨大成就。部分目标进展突出：减少贫困和饥饿、降低儿童死亡率、普及初等教育以及治疗疾病。死亡人数在下降，生活在贫困和饥饿中的人数在下降，疾病的传播在放缓。的确，情况似乎正在好转。

生活质量： 人类发展指数

丹麦人缴很多税，但他们的生活质量却很高，高到许多美国人不愿相信。

——伯尼·桑德斯

1990 年，经济学家赫布卜·乌·哈格与诺贝尔奖获得者阿马蒂亚·森合作设计、发布了"人类发展指数"（Human Development Index，HDI）。它可以衡量人类的发展程度，联合国也认可它。HDI 的目标是将发展度量重新聚焦到以人为本的政策之上。

HDI 包括三个组成部分：长寿水平、教育水平和收入水平。只需要回答："某个国家的公民是否健康长寿、是否接受了良好的教育、是否有不错的收入。"

按照目前的定义，如果一个国家的人口平均预期寿命为 85 岁、人口平均受教育年限为 15 年、新入学者的预期受教育年限为 18 年、人均收入为 75 000 美元/年，那么这个国家就能拿满分。

HDI 基于平均数。如果数据集呈偏态分布，平均数则存在误导性。因此，2010 年引入了人类发展指数的一种变体，即"不平等调整后的人类发展指数"（Inequality-Adjusted HDI，IHDI）。它考虑了各国不平等的影响。我们可以将 HDI 视为衡量一个国家美好生活潜力的指数，而 IHDI 则通过"惩罚"该国在健康、教育和收入方面的不平等来衡量其成就。

挪威荣登 HDI（和 IHDI）排行榜首。2015 年，挪威的 HDI 估计为 0.949。中非共和国的 HDI 和 IHDI 都最低。具体情况见下表。

国家	HDI	IHDI
挪威	0.949	0.898
澳大利亚	0.939	0.861
丹麦	0.925	0.858
德国	0.926	0.859
美国	0.920	0.796
加拿大	0.920	0.839
瑞典	0.913	0.851
英国	0.909	0.836
日本	0.903	0.791
波兰	0.855	0.774
巴西	0.754	0.561
中国	0.738	0.543[①]
泰国	0.740	0.586
世界	0.717	N/A
南非	0.666	0.435
印度	0.624	0.454
尼日利亚	0.527	0.328
中非共和国	0.352	0.199

① 2012 年数据。

尽管 HDI 和 IHDI 受到许多批评，但它们确实在努力衡量大多数人眼中"美好生活"的构成因素。

2015 年，188 个国家中只有 13 个国家的 HDI 指数低于上一年，这点需要注意。另外，有 11 个国家的指数保持不变，其余 164 个国家的指数上升了。

我们可以使用"进步"一词吗？如今这个词语已经算不上时髦，但在我看来（有所保留）这确实算进步。许多年来，人们总是觉得美好生活只存在于过去。黄金时代偷偷潜伏在我们模糊的记忆中。这些数字挑战了这一看法。尽管世界上仍然存在许多不美好，但这些数据是我们保持乐观的理由。

生活质量：幸福指数

幸福指数听上去可能非常简单：要测量生活质量，开口询问人们有多幸福就行。这似乎挺幼稚的，但我们并不能在幸福与衡量生活水平的其他硬件指标之间画等号，这个道理大家都懂。

2011 年，联合国开始搜集相关数据。2012 年，其发布了第一份《世界幸福指数报告》，报告了受调查国家的幸福指数。它包括六项指标：

- 人均 GDP
- 社会支持
- 人口平均预期寿命
- 选择生活方式的自由
- 慷慨度
- 信任

此外，还存在一个"剩余的"或者未解释的 X 指标，它无法纳入以上六个指标。X 指标也能影响国民幸福度。

下表罗列了部分国家的幸福指数。

国家	幸福指数	X
挪威	7.54	2.28
丹麦	7.52	2.31
加拿大	7.32	2.19
澳大利亚	7.28	2.07
瑞典	7.28	2.10
美国	6.99	2.22
德国	6.95	2.02
英国	6.71	1.70
巴西	6.64	2.77
泰国	6.42	2.04
波兰	5.97	1.80
日本	5.92	1.36
中国	5.27	1.77
尼日利亚	5.07	2.37
南非	4.83	1.51
印度	4.32	1.52
中非共和国	2.69	2.07

　　挪威再次荣登榜首，他们肯定在做正确的事。中非共和国再一次排名倒数第一。X 那一栏很有趣，南非人和日本人比预期中更不幸福（至少从六个指标来看）。在 X 栏中，巴西和尼日利亚的得分最高，这也超乎了预期。

生活水平

新西兰人均 GDP（3.75 万美元）约等于
　　格陵兰人均 GDP（3.76 万美元）。

捷克共和国人均 GDP（3.175 万美元）约为

　20×卢旺达人均 GDP（1575 美元）。

挪威人均 GDP（6.78 万美元）约为

　10×玻利维亚人均 GDP（6 800 美元）。

爱尔兰人类发展指数（0.923）约等于

　冰岛人类发展指数（0.921）。

澳大利亚幸福指数（7.284）等于

　瑞典幸福指数（7.284）。

数字依然重要

这个世界看似混乱，但如果你能将其转换为数字和形状，就会发现其中规律，就会理解事物存在的逻辑。

——马库斯·杜·萨托伊

你最同意以下哪种说法？

☐ 人类终结将至
☐ 过去的日子更美好
☐ 我们可以蒙混过关
☐ 我们正在赶往阳光普照的高地
后记不提供该测试答案。

自然存在的数字

数字和我们的数感源自世界和生活。当最早的人类开始理解、描述、控制他们的生活和世界时，他们便开始使用数字。事实证明，数字对于组织社会以及建立一个错综复杂、令人迷惑、充满魅力的世界至关重要。人类要理解自然，要开发利用物理学、化学、生物学等科学领域的潜力，数字必不可少。多亏了数字，猿属智人的脚步才能遍及这个星球，才能形成一个具有共同知识、相互理解的全球共同体，它在宇宙中独一无二。

但近年，数字似乎正在摆脱我们的掌握。我们淹没在一个信息时代，信息多到无法处理。大数据让数字处理算法不断升级，它们悄然影响着我们的生活。我们应该忧心忡忡吗？我们还需要亲自处理数字吗？我们还需要培养数字能力吗？

计算机难道不能处理所有数字吗

几十年来，计算机一直负责处理常规簿记，但我们仍在聘请会计师。几十年来，计算机为工程师、建筑师、精算师以及其他众多专业人士完成了艰巨的任务。50 年前的工程师必备一把算尺，现在它已经过时了。这些职业并没有消失，计算机仍然只是一种工具。随着这种工具的作用越来越强大，它更像人类的合作对象。

世界上最强大的棋手是谁？不，不是计算机。好吧，不只是计算机。1997 年，IBM 的超级计算机 Deep Blue（深蓝）击败了国际象棋特级大师加里·卡斯帕罗夫。那次失败之后，卡斯帕罗夫进行了深刻反思，他找到了人与计算机在下棋方式上的区别。以此为基础，卡斯帕罗夫提出了"高级国际象棋"（也称"自由式国际象棋"）的概念，人可以和计算机组队比赛。有时候，一个参赛团队包括数人和数台计算机。这种组队方式在国际象棋界所向披靡。

这一事例告诉我们人和机器之间应该相互合作而不是彼此竞争。在合作中，人类应该利用自己的数感将抽象数字与客观现实联系起来。

数字专家难道还不够让我们失望

英国脱欧前，时任政府大臣迈克尔·戈夫在脱欧讨论中说，"我们的专家已经够多了"。听到这句话，你可能会感到错愕。专家的观点毕竟是最权威的，政府大臣不应该在言语中含沙射影。要是他家水管坏了或者他生病了，他肯定也会寻求专业人士的帮助。

但我能理解他的观点。在过去，基本上所有专家都会犯错。在很多领域尤其是经济和医学领域，专家们的观点针锋相对。但科学正是通过分歧甚至失败而前进的，这就是科学的力量，科学系统可以自我修复，所以我们才能稳步、持续地朝着真理迈进。如果我们拒绝专家的知识，那这种行为不仅愚蠢，而且不负责任，它暴露了我们对知识的获取方式一无所知。

专家也会犹豫

> 数据不足造成的错误远远少于没有数据造成的错误。
>
> ——查尔斯·巴贝奇

永远不要拒绝准确性不足的数字，它们并非一文不值。经济学等领域的专家永远无法做出精确的预测，毕竟他们研究的是人类行为。但即使数字有些模糊，它们也能帮助我们做出明智的决定。我们应该明白政策的影响本身具有不确定性，同时我们要能测量这种不确定性，这样才能做出正确的选择。数字能力的构成要素之一便是批判性地处理不确定的事物，同时能够正确判断什么可信、什么不可信，对于后者要进一步调查。

永远不要盲目迷信专家，但同时也不要全盘否定他们，多进行交叉比较。主动思考专家提供的数字是否合理，利用自己的数学能力判断哪些论据令人信服、哪些站不住脚。你可以培养自己的专业知识，知识积累到一定程度后你就可以识别江湖骗子。不要用"但你不能确定"这句话去驳斥专家，这个理由不够充分。

我们可以用数字证明一切吗

用数据撒谎很简单，不用数据撒谎更简单。

——弗雷德里克·莫斯特勒

不一定。虽然数字可以加强论点，但数字能力才是问题的关键。现实世界的数字形成了连贯的网络，它在许多方面与现实相连。你可以搜寻这个网络直到找到一个你可以独立验证的数字，很可能你会发现矛盾。我们的数字能力越强就越可能发现欺骗和错误。

五大技巧

我们如何揭露一场数字骗局？通过交叉比较检查数字的合理性，寻找矛盾点，询问自己"就我的知识域而言这是个大数字吗"。到目前为止，你已经掌握了五大数字处理技巧：

- 精心挑选的基准数字好比一把量尺，它能帮助你建立理解数字的语境。
- 视觉化可以帮助你判断数字是否合理。
- 通过分而治之，你可以将大数字切割成几个部分从而化繁为简。
- 利用比例和比率，你可以将大数字缩小到可控规模，从而将它们牵引到你的舒适区。
- 对数尺能够帮助你比较规模完全不同的数字。

知识就是力量

用数据撒谎很简单，抛开数据解释真相则很难。

——安德烈斯·邓克尔斯

互联网为我们提供了海量的信息，这远超父辈的想象。如果没有互联网，我就不能完成这本书。感谢它的存在，不管我们遇到什么问题，只要谷歌几分钟几乎都能找到答案。互联网是一种长期存在的资源，它就像我们大脑的延伸。有了它，可能我们再也不需要掌握事实了，反正有维基百科。对吗？

不对，我们不能全部寄希望于维基百科。掌握一件事意味着它能立刻出现在你的脑海中为你所用，它不是独立存在而是深嵌于语境之中，这样它才具有意义。即使你的知识不够完善、不够准确，你也能粗略判断重要数字的规模从而揭露骗局。人类的大脑善于在不同事物之间建立联系并从中合成新事物，这一方面我们无可匹敌。

生活越来越复杂，数字越来越多、越来越大。面对这种局面，一些人试着变麻木，结果让自己越来越软弱。真理变成贬值的货币。我们随波逐流把一切交给命运。

与其变得麻木，我们何不迎难而上，努力去理解数字并利用它们提高自信、巩固信仰和价值观。

生活虽混乱，但美好

没有人知道隐藏在人类背后的全部潜力，没有人知道时机到来时人类能够创造什么样的惊喜。

——瓦茨拉夫·哈维尔

在引言里我提到自己脑海总是浮现出一片水域。水面十分混乱，因此很难判断水流的真实运动方向。当我们判断世界正在变好还是变糟时，也会遇到类似情况。

通过登高望远，我判断出了大部分水流朝右运动，只有少数例外。我们可能经历过艰难岁月，但我们也享受过并且正在享受美好岁月。如今，我们的寿命更长，身体也更健康，我们接受着更好的教育。联合国的千年发展目标尽管并不完美、尽管会受到一些质疑，但这些目标告诉我们一切都在改变，很多事物正在朝更好的方向发展。如果你查看人类发展指数，你会发现同样的趋势。

如果 20 岁的我可以选择生活在某一历史时期，我会选择 1817年、1917 年、1967 年还是 2017 年呢？2017 年无疑。尽管 20 世纪60 年代充满刺激，尽管过去 50 年令人振奋（过去几十年间社会和技术的进步赋予了我们前所未有的自由），但未来的可能性更大。技术可以无限开发人类的创造力，可以让我们取得更大的、不可想象的成就。未来 50 年将是一段奇妙的旅程，它既让人害怕又让人兴奋。

近年来我们的确取得了很大的进步，隐藏在它背后的是什么？两个字，"科学"，如疾病的治疗、粮食生产、环境保护、通信和教育。"进步"一词不受欢迎。媒体总说科学造成的问题多于它解决的问题，但这不是事实。实际上，更多人的生活质量得到了前所未有的提高。

但即便人类的发展使所有人的生活质量都得以提高，但提高程度并不均等。这限制了数十亿人的潜力，这浪费了创造力、精力和生命。许多人仍然生活在不人道的环境中，这让我们感到羞愧，好在他们的人数比去年下降了（明年还会下降）。面对世界资源分配的不公、面对人类对大自然造成的破坏、面对仍在肆虐的战争，我们深感羞愧。但同时，数十亿人正在过着健康、有意义、有价值的生活，我们也应该为此感到骄傲。

我们对环境造成了不可逆转的破坏：气候、资源、生物多样性。就潜在的长期后果和代价而言，没有力量可以与之抗衡。我们终将无法幸免，终将吞下自己种的恶果。能活下去吗？是的，人类会活下去。谁能够让人类活下去？那些拥有清晰且稳定的世界观、能够直面现实的人，那些能够透过泡沫看到暗涌流动方向的人，那些具有数字能力的世界公民。

人类的故事充满了恐怖和奇迹。我们做过坏事，也创造过辉煌。但最重要的是，我们一直在进步。我们站在过去的肩膀上，我们书写着人类的故事。虽然有时候我们无法吸取过去的教训，但总的来说未来是光明的。几十亿人正在为世界的进步贡献自己的力量，他们功大于过。

创造美好未来的过程中，我们会遇到各种困难、遭受各种挫折，但当今 70 多亿人口中，每个人都有潜力为世界发展做出贡献。每个呱呱坠地的婴儿都是未来的希望。多健康生活一天，就多一次书写未来篇章的机会。

生命美好，切勿虚度光阴。

告诉你这些会不会让你开心？

泰晤士河的长度（386 千米）约为

　　2×苏伊士运河的长度（193.3 千米）。

最早的尼安德特人化石的年龄（35 万年）为

　　10×最早的洞穴壁画的年龄（3.5 万年）。

世界上连帽海豹的估计数量（66.2 万）约为

　　250×斯瓦尔巴群岛的人口（2 640）。

土星环的直径（20.2 万千米）约为

　　2×木星直径（14 万千米）。

湾流 G650 公务机的质量（4.54 万千克）约为

　　100×音乐会三角钢琴的质量（450 千克）。

空客 A380 的总长度（72.7 米）约为

　　10×足球球门的宽度（7.32 米）。

横加高速公路（7 820 千米）约为

　　2×66 号公路芝加哥到洛杉矶路段（3 940 千米）。

曼哈顿岛的长度（21.6 千米）为

　　400 000×信用卡的高度（54 毫米）。

后　记

引言

下列哪个数字最大？

☐ 波音 747 的数量（截至 2016 年）：1 520

☐ 福克兰群岛的人口：2 840

☐ 一茶匙糖的粒数：4 000

✓ 绕地球运行卫星的数量（截至 2015 年）：4 080

数什么

下列哪个数字最大？

☐ 世界上航空母舰的数量：167

✓ 纽约摩天大楼的数量：250

☐ 苏门答腊犀牛的估计数量：100

☐ 人体骨骼的数量：206

世界上的数字

下列哪件物品最重？

☐ 中等大小的菠萝：900 克

☐ 一双经典样式的男士皮鞋：860 克

☐ 一杯咖啡（包括杯子）：765 克

✓ 一瓶香槟：1.6 千克

事物的尺寸

下列哪个事物最长？

☐ 一辆伦敦巴士：11.23 米

☐ 霸王龙估计身长：12.3 米

☑ 袋鼠可以跳跃的距离：13.5 米

☐ 电影《星球大战》中 T-65 X 翼星际战斗机：12.5 米

嘀嗒嘀嗒

以下哪个时间段最长？

☑ 自开花植物出现至今：1.25 亿年

☐ 自最早灵长类动物出现至今：7500 万年

☐ 自恐龙灭绝至今：6600 万年

☐ 自猛犸象出现至今：480 万年

多维测量

下列哪个体积最小？

☑ 美国佩克堡大坝的水量：25 立方千米

☐ 日内瓦湖的水量：89 立方千米

☐ 委内瑞拉古里水坝的水量：135 立方千米

☐ 土耳其阿塔图尔克大坝的水量：48.7 立方千米

巨大数字

下列哪个物体质量最大？

☑ 空客 A380 客机（最大起飞重量）：575 000 千克

□ 自由女神像：201 400 千克
□ M1 艾布拉姆斯坦克：62 000 千克
□ 国际空间站：420 000 千克

快快快

下列哪个速度最快？
□ 人力飞机的最大速度：44.3 千米/小时
√ 长颈鹿的最大速度：52 千米/小时
□ 人力船的最大速度：34.3 千米/小时
□ 大白鲸的最大速度：40 千米/小时

仰望星空

下列哪个数字最大？
□ 1 个天文单位（AU）：1.496 亿千米
□ 太阳到海王星的距离：45 亿千米
□ 地球绕太阳公转的轨道长度：9.4 亿千米
√ 哈雷彗星离太阳的最远距离（远日点）：52.5 亿千米

一束能量

下列哪个数字最大？
□ 代谢 1 克脂肪释放的能量：38 千焦
√ 1 克重的流星撞击地球的能量：500 千焦
□ 1 克汽油燃烧释放的能量：45 千焦
□ 1 克 TNT 爆炸释放的能量：4.2 千焦

比特、字节和文字

下列哪台计算机内存最大？

☐ 第一台苹果 Mac 计算机：128KB

✓ 第一台 IBM 个人计算机：256KB

☐ BBC 推出的 Micro：bit 计算机：32KB

☐ 第一代 Commodore 64 计算机：64KB

计算路线

下列哪个数字最大？

✓ 得州扑克起手牌的可能性（发两张）：1326

☐ 旅行推销员访问六个城镇（并返回）的可能路线：360

☐ 用于编写古戈尔的二进制位：333

☐ 六个人坐座位的方式：120

谁想成为百万富翁

下列哪个数字最大？

☐ 阿波罗登月计划的开销（以 2016 年美元计）：1 460 亿美元

✓ 2016 年科威特国内生产总值：3 011 亿美元

☐ 2016 年苹果公司营业额：2 156 亿美元

☐ 俄罗斯的黄金储备价值（2016 年 7 月）：674 亿美元

一个都不能少

下列哪个数字最大？

☐ 中国重庆的人口：819 万

√ 奥地利的人口：871 万

□ 世界上蓝色小羚羊的估计数量：700 万

□ 保加利亚的人口：714 万

测量生活

下列哪个国家幸福指数最高？

□ 英国：6.714

□ 加拿大：7.316

□ 哥斯达黎加：7.079

√ 冰岛：7.504

总结

你最同意以下哪种说法？

□ 人类终结将至

□ 过去的日子更美好

□ 我们可以蒙混过关

□ 我们正在赶往阳光普照的高地

这一次，答案由你来决定。

致 谢

感谢所有鼓励我写这本书的人，特别是我的爱妻贝弗利·莫斯·莫里斯。如果没有她的鼓励和支持，我已经放弃了100次。

感谢我的两个儿子，他们从小就会挑战我的思想，他们观点犀利且（我希望）诚实。

感谢我的姐姐罗丝·玛丽娜瑞克，多亏了她敏锐的眼光和判断力，这本书才能最终成形。

感谢我的经纪人，Artellus公司的莱斯利·加德纳，感谢他发觉了这本书的市场潜力并为它找到了合适的出版商。

感谢牛津大学出版社的所有人，尤其是丹·塔伯，他对这本书充满信心。还要感谢所有参与终稿编辑和出版准备工作的人，尤其是马克·克拉克，感谢他们在关键时候支持我。同时要感谢SPi Global公司的英国项目经理丽莎·伊顿，感谢她对我如此耐心。

感谢我的朋友们，尤其是马克和伊利卡·克罗佩，感谢他们的友谊和信任，感谢他们对这本书倾注的热情。还要感谢多年以来耐心听我谈论古怪兴趣和爱好的所有人。

本书提供了大量的事实和数据，如果没有出现任何错误那将是一件了不起的事。当然，一旦出现错误，我会负责。要是真有人发现了数字相关错误，我会对他说，"干得漂亮，显然你一直在练习数字技巧！"

安德鲁·C.A. 艾略特
英格兰